AF341375

Octavianus FARSKÝ

INGÉNIEUR AGRONOME
INGÉNIEUR FORESTIER
ÉLÈVE LIBRE DE L'ÉCOLE NATIONALE
DES EAUX ET FORÊTS DE NANCY
DOCTEUR ÈS SCIENCES

DE L'UTILITÉ

DE

QUELQUES OISEAUX DE PROIE ET CORVIDÉS

DÉTERMINÉE PAR

L'Examen de leurs Aliments

Avec 3 Planches hors-texte

NANCY
ANCIENNE IMPRIMERIE VAGNER
3, Rue du Manége, 3

1928

A MONSIEUR L. CUÉNOT

Professeur à la Faculté des Sciences de l'Université de Nancy

Membre correspondant de l'Institut

Associé de l'Académie Royale des Sciences de Belgique

Membre de l'Académie Royale des Sciences de Danemark

A MONSIEUR PH. GUINIER

Directeur de l'Ecole Nationale des Eaux et Forêts de Nancy

Témoignage de profond respect

et

de vive reconnaissance

A LA MÉMOIRE DE MON PÈRE

AVANT-PROPOS

Au terme de notre séjour en France, c'est pour nous un très agréable devoir de remercier du fond du cœur tous ceux qui ont soutenu nos efforts.

C'est au Gouvernement de la République Française (Ministère de l'Instruction publique et des Beaux-Arts) et au Gouvernement de la République Tchécoslovaque (Ministère des Ecoles et de l'Instruction publique), que nous adresserons tout d'abord l'expression de notre reconnaissance, pour nous avoir trouvé digne de profiter de la Science française. Nous remercions également M. CARRIER, Directeur général des Eaux et Forêts au Ministère de l'Agriculture, d'avoir bien voulu nous permettre de suivre, en qualité d'élève libre, l'enseignement de l'Ecole Nationale des Eaux et Forêts.

Nous prions ici notre savant Maître, M. L. CUÉNOT, Professeur de la Faculté des Sciences de Nancy, Membre correspondant de l'Institut, d'agréer l'hommage de notre profonde gratitude, pour les précieux conseils qu'il a bien voulu nous donner, et pour l'affectueuse bienveillance dont il n'a cessé de nous entourer; il fut pour nous le guide sûr, sans lequel nous n'aurions pu espérer mener à bien notre travail.

Nous exprimons aussi nos respectueux remerciements à notre excellent Maître, M. Ph. GUINIER, Directeur de l'Ecole Nationale des Eaux et Forêts, pour l'amabilité qu'il a montré à notre égard, chaque fois que nous avons eu recours à lui, et pour l'appui qu'il nous a donné en maintes circonstances; nous conserverons toujours le souvenir de l'accueil si bienveillant qu'il nous a fait dans son Ecole.

Nous tenons à assurer de notre reconnaissant souvenir, nos Maîtres de l'Ecole Nationale des Eaux et Forêts de Nancy, nos anciens Professeurs de la Faculté agronomique et de la Faculté forestière de la Haute Ecole Polytechnique Tchèque de Praha, ainsi que ceux de la Faculté forestière de la Haute Ecole agronomique de Brno, qui ont bien voulu s'intéresser à nos travaux.

Nous ne saurions oublier M. P. REMY, Assistant du Service de Zoologie de la Faculté des Sciences de Nancy, qui, très amicalement, nous a aidé, sans compter tout le temps qu'il perdait avec nous, ainsi que M. LIENHART, Chef de Travaux, et M. BAUDOT, Préparateur.

PREMIÈRE THÈSE

DE L'UTILITÉ

DE

Quelques Oiseaux de Proie et Corvidés

DÉTERMINÉE PAR

L'Examen de leurs Aliments

De l'Utilité

DE

QUELQUES OISEAUX de PROIE et CORVIDÉS

DÉTERMINÉE PAR

L'Examen de leurs Aliments

———

PREMIÈRE PARTIE

———

INTRODUCTION

———

L'étude de la question de la nourriture des Oiseaux n'est pas nouvelle. De nombreux auteurs s'en sont occupés, et les Recueils zoologiques, ornithologiques, forestiers, agricoles et phytopathologiques, et même la littérature sur l'élevage du gibier et la chasse, sont riches en travaux sur la nourriture des Oiseaux et sur la valeur économique des Oiseaux en général.

Si moi-même, j'ai commencé aussi à étudier cette question, c'est surtout au point de vue pratique d'un forestier-phytopathologue.

Comme membre de la SECTION PHYTOPATHOLOGIQUE DE L'INSTITUT DE RECHERCHES AGRONOMIQUES DE BRNO (Tchécoslovaquie), nous avons eu l'occasion de suivre aussi bien la relation des Oiseaux différents avec les Ravageurs agricoles et forestiers que la relation de différentes espèces d'Oiseaux avec l'agriculture et la sylviculture. Les grands ravages causés par la Nonne moine (*Liparis monacha*, L.) dans les forêts d'Epicéas (*Abies excelsa*, D. C.) de 1917 à 1925, les dégâts occasionnés aux Betteraves par les chenilles de la Pyrale des Betteraves (*Phlyctaenodes sticticalis*, L.) en 1921, de même que les dégâts occasionnés dans les vergers par les différentes chenilles (*Gastropacha neustria*, L., *Arctonis chrysorrhoea*, L., etc., etc...) et dans les cultures agricoles par différents Ravageurs (*Agrotis segetum*, Schiff., *Zabrus gibbus*, F., *Elateridae*, *Cleonus* [*Bothynoderes*] spec. dif., *Arion hortensis*, Fer., *ater*, L., *Limax agrestis*, L., etc...), comme les dommages causés dans les forêts par différents Insectes nuisibles (*Panolis piniperda*, Panz., *Melolontha vulgaris*, L., *Hylobius abietis*, L., *Scolytidae*, etc...), et la relation des Oiseaux avec les destructeurs ci-dessus nommés, tout cela nous incita à poursuivre l'étude de cette question. Les dégâts causés par des Campagnols et Souris dans l'agriculture, surtout ceux occasionnés par les Campagnols vulgaires (*Microtus arvalis* [Pall.]) pendant « les années à Campagnols » 1920, 1923, 1924, nous incitèrent beaucoup à persévérer dans notre résolution. Nous avons été aussi quelquefois obligé de nous occuper de plaintes, parfois fondées, mais le plus souvent peu justifiées, au sujet des dégâts occasionnés par différentes espèces d'Oiseaux, dans les champs, les forêts. etc., etc..

Nous avons essayé, dans ce travail, de montrer que le monde des Oiseaux est un facteur biologique de la Protection des plantes contre leurs destructeurs.

On ne s'est jamais désintéressé complètement des Oiseaux dans notre Pays; de nombreux mémoires sur la nourriture de ces animaux, et sur leur valeur économique ont déjà été publiés par plusieurs de mes compatriotes, notamment par PALLIARDI (1852), SIR (1874-90), BAYER F. (1888-94), CAPEK (1885-1925), FRITSCH (1898), JANDA (1899-1923), MICHEL (1891 - 1917), KNÉZOUREK (1902 - 12), KARASEK (1906), JOHN (1909), BAYER E. (1925), MUSILEK (1923-1925), etc... Mais, jusqu'à présent, on n'a pas poussé à fond ces études en Tchécoslovaquie; nous avons pensé que le présent travail comblerait une lacune.

Pour arriver au but indiqué, nous avons étudié la vie des Oiseaux en pleine nature, à différentes époques de l'année, nous avons analysé le contenu de leur tube (œsophage, estomacs chimique et mécanique, intestin). Nous avons essayé de nourrir des Oiseaux en captivité.

Ces études, commencées en 1921, ont été poursuivies jusqu'à notre départ pour la France, en automne 1927; nous avons analysé le contenu de l'appareil digestif de plus de 5.000 Oiseaux. Mais nous ne présenterons ici que les résultats touchant les espèces suivantes :

Nous avons examiné le contenu du tube digestif de 2.064 Oiseaux, appartenant aux espèces énumérées ci-dessus; aux résultats de ces analyses, nous avons ajouté succinctement les observations que nous avons faites en examinant les pelotes stomacales de 304 Hiboux vulgaires (*Asio otus* [L.]) et celles de l'appareil digestif des 254 Corbeaux freux (*Corvus frugilegus*, L.) trouvés morts.

Nous avons choisi les espèces ci-dessus nommées, parce que l'on n'est pas d'accord sur leurs relations avec l'agriculture et la sylviculture (*Corvidæ*), ce qui fait qu'elles sont très souvent massacrées inutilement (*Accipitres*).

Les études présentées ici ont été faites à l'INSTITUT D'ORNITHOLOGIE APPLIQUÉE ET POUR LA PROTECTION DES OISEAUX, fondé par l'ACADÉMIE MASARYK DU TRAVAIL et attaché à l'INSTITUT DE RECHERCHES AGRONOMIQUES, SECTION PHYTOPATHOLOGIQUE, A BRNO (Tchécoslovaquie); elles ont été terminées au LABORATOIRE DE ZOOLOGIE DE L'UNIVERSITÉ DE NANCY, où nous avons été accueilli, avec la plus grande bienveillance, par M. le Professeur L. CUÉNOT.

Les appareils digestifs des Oiseaux étudiés provenaient d'individus tués, soit par nous, soit par d'autres personnes. Ces derniers nous furent envoyés par les Laboratoires des Musées d'Histoire naturelle, par les Facultés des Sciences, d'Agriculture et Forestière, et par nos Ornithologistes. De nombreux forestiers nous procurèrent aussi un grand nombre d'Oiseaux. Tous les animaux dont nous avions besoin ont été tués non seulement au hasard, mais aussi dans certaines circonstances qui nous parurent intéressantes, comme par exemple pendant les époques où les différents Ravageurs attaquent les cultures agricoles ou forestières.

Tous les Oiseaux disséqués furent bien déterminés (1) (genre, espèce, sexe, âge, et nous avons pris également toutes les indications nécessaires, quant aux date, heure et endroit (station) où l'Oiseau a été tué. Nous avons noté également les conditions climatiques et météorologiques pendant lesquelles les Oiseaux ont été abattus, ainsi que les endroits plus ou moins attaqués par les Ravageurs.

Le contenu des appareils digestifs fut lavé, puis réparti, selon sa nature, en trois catégories : substances minérales, matières végétales et matières animales, et ensuite les constituantes de chacune de ces catégories ont été elles-mêmes séparées, déterminées, comptées et pesées (poids sec). Les restes trop fins pour être séparés manuellement, furent pesés, et les poids répartis approximativement.

Nous avons tâché de déterminer (2) le plus exactement possible toute cette nourriture. Nous avons rencontré de grandes difficultés, en déterminant les

---

(1) Les noms génériques et spécifiques des Oiseaux énumérés dans cette étude sont ceux qui ont été adoptés par TROUESSART (1912).

(2) Les noms génériques et spécifiques des animaux et plantes énumérés dans cette étude, sont ceux qui ont été adoptés par CHOPARD (1922, Orthoptères, Dermaptères), COSTE (1901-6, Plantes), HEYDEN-REITTER-WEISSE (1891, Coléoptères), HOFMANN (1893-94, Lépidoptères), MOQUIN-TANDON (1855, Mollusques), MELICHAR (1896, Cicadidés), PIERRE (1924, Tipulides), SCHREIBER (1922, Amphibies, Reptiles), SÉGUY (1923, Anthomyides), et par TROUESSART (1898-99, 1900-05, 1910, Mammifères).

fragments animaux et végétaux macérés dans le tube digestif. C'est pourquoi nous sommes très heureux de pouvoir exprimer ici nos plus sincères remerciements à tous les Naturalistes qui nous aidèrent très volontiers dans ce travail de détermination : principalement à M. Jean APPL, Ingénieur agronome, et Conseiller agricole à Brno (graines); au regretté M. Vaclav CAPEK, Directeur d'école à Oslavany (Vertébrés) ; à M. Antonin FLEISCHER, Docteur en Médecine et Premier Conseiller sanitaire, à Brno (Coléoptères); à M. TEYROVSKY, Docteur en Sciences et Docent à l'Université Masaryk, à Brno (Insectes aquatiques et Oligochètes) ; à M. SOUDEK, Docteur en Sciences, Assistant à l'Ecole supérieure d'Agriculture, à Brno (Fourmis) ; à M. WIMMER, Directeur d'école à Praha (différentes larves de Diptères), ainsi qu'à tous nos Collègues de l'Institut de Recherches, qui ne nous ont pas ménagé leurs conseils, au cours de nos recherches. Notre amitié et notre reconnaissance vont aussi à tous les Ornithologistes et à tous les Forestiers des services d'Etat et particuliers, qui nous aidèrent si volontiers, en nous fournissant les Oiseaux dont nous avions besoin.

ÉTUDE BIBLIOGRAPHIQUE

La question de la valeur pratique des Oiseaux, et plus particulièrement la question de l'importance des Oiseaux pour l'agriculture et dans les forêts (et même pour l'hygiène en général) n'est pas du tout nouvelle. Au contraire, les auteurs antiques (par exemple Aristoteles, Plinius, Cicero) et les religions des peuples anciens nous ont transmis des documents qui nous montrent que le monde des Oiseaux était déjà, à cette époque, considéré à un point de vue pratique (Gubernatis, 1874, Scheidemantel, 1884, Hermann, 1899, Berger, 1905, Sprenger, 1908, Hennicke, 1912); la littérature nouvelle (zoologique, ornithologique, agronomique, forestière, phytopathologique, etc., des XIXe et XXe siècles), qui s'occupe de la question que je vais poursuivre ici est immense. Cette littérature, dans sa plus grande partie, traite de la valeur des Oiseaux, au point de vue de la destruction des Ravageurs agricoles, toutefois, avec un peu d'exagération (par exemple Gloger, 1855-1881, et autres nombreux auteurs); d'autres auteurs les méconnaissent totalement, les Oiseaux étant pour eux les plus grands destructeurs agricoles, parce qu'ils détruisent aussi les Insectes utiles, etc... (SALVADORI, 1884, PLACZEK, 1897, HORSTEMANN, 1900; GRIFFINI, BERLESE, *in* REH, 1913). De cette manière de considérer les faits, il subsiste encore aujourd'hui l'habitude de partager les Oiseaux en deux catégories bien tranchées: ou strictement « utiles », ou strictement « nuisibles ».

Cependant les Zoologistes forestiers (par exemple RATZEBURG, 1841, MATHIEU, 1847-72, ALTUM, 1873, BORGGREVE, 1878, JUDEICH, 1881, NOERDLINGER, 1884, etc...), apprécient avec plus de justesse le rôle des Oiseaux comme destructeurs des ennemis des cultures agricoles et forestières; on commença alors à étudier systématiquement la composition de la nourriture des Oiseaux. Ces travaux furent poursuivis par les Ornithologistes, ainsi que par les Zoologistes, Phytopathologistes, Forestiers et Agronomes. Les grands Instituts de Recherches ont plusieurs fois commencé de telles études (par exemple, en Allemagne, aux Etats-Unis, en Hongrie, etc.). Les résultats et les idées fournis par ceux-ci furent acceptés par les Zoologistes modernes et par les Entomologistes, Phytopathologistes et Forestiers (HILTNER, (1909) 1926, REH, 1913, SCHWARTZ, 1913, JOLYET, 1916, ESCHERICH, 1917-23, HESS-BECK, 1916-21, SZALATNAY, 1920, APPEL, 1922, DYK, 1922, NECHLEBA, 1923, BARBEY, 1927, et autres); ces auteurs ont montré que les Oiseaux détruisent une quantité énorme d'ennemis des cultures agricoles et forestières, et ils déclarent que leur protection est une des méthodes biologiques de lutte contre les Ravageurs des végétaux.

La nourriture de la *Buse vulgaire* (*Buteo vulgaris,* Leach), et celle de l'*Archibuse pattue* (*Archibuteo lagopus* [Gmel.]) ont été étudiées par de nombreux auteurs (NAUMANN, 1822, BREHM, 1861, SIR, 1874-90, ECKSTEIN, 1887-1901, RZEHAK, 1896-1905, BAER, [UTTENDOERFER], 1897-1910, KOLLIBAY, 1897, LOEWIS, 1898, LIEBE, 1899, ROERIG, 1899-1912, CHERNEL, 1901-19, TALSKY, 1901, UTTENDOERFER, 1901-03, BARTHOS, 1908, REY [REICHERT], 1905-13, HAENEL, 1918, GRESCHIK, 1910-24, KNÉZOUREK, 1910, SAMMERMEYER, 1910, DUMAST et FUYE, 1911, MICHEL, 1916, MUSILEK, 1923, et autres). Les travaux de ces chercheurs, de même que ceux de RITZEMA-BOSE, 1891, ROERIG, 1899-1912, BUBAK, 1902-03, REH, 1905-13, HILTNER, (1909) 1926, UZEL, 1913-17, qui se sont occupés spécialement de la destruction des Muridés nuisibles, ont montré que la Buse vulgaire et l'Archibuse pattue détruisent une quantité de Rongeurs nuisibles tellement considérable, que ces Oiseaux doivent être considérés comme indispensables à l'agriculture et à la sylviculture, et qu'on doit les respecter. VOGT (1875) déjà s'exprime ainsi : « Dans sa joie de clouer une Buse sur la porte de sa grange, le paysan se fait, sans le savoir, plus de tort que s'il jetait à l'eau un boisseau de blé. » Il est important que ces études aient montré que ces deux Oiseaux ne sont pas si dangereux pour le gibier qu'on le croyait et comme on le croit encore, quelquefois (par exemple GIRARD, 1878, RUE, TESTART, HRIVNA, 1928), en supposant que ces Oiseaux étaient de grands destructeurs de jeunes Lièvres, de Faisans et de Perdrix. ROZMARA (1908-12),

Carabus (1868), et Cerny (1884), auteurs de traités sur l'élevage du gibier et sur la chasse, ne trouvent pas ces Oiseaux dangereux pour le gibier, et Carabus même dit qu'ils sont utiles dans les forêts et dans les champs, car leur nourriture se compose principalement de petits Mammifères, Rongeurs nuisibles, tels que les Campagnols, les Insectes et même les Serpents.

Les travaux des auteurs cités nous montrent que ce sont les petits Mammifères et différents Insectes, et surtout les petits Rongeurs, tels que les Campagnols et les Souris, et les Insectes dangereux, tels que les Hannetons, qui représentent la nourriture principale de la Buse vulgaire et de l'Archibuse pattue pendant toutes les époques de l'année. Les analyses du contenu des appareils digestifs d'environ 2.000 Buses vulgaires et d'environ 1.000 Archibuses pattues, démontrent que la nourriture de la Buse comprend 15 % d'animaux utiles, 80 % d'animaux nuisibles, et 5 % d'animaux utiles en même temps que nuisibles, ou indifférents; la nourriture de l'Archibuse pattue se compose de 10 % d'animaux utiles, de 85 % d'animaux nuisibles, et de 5 % d'animaux utiles en même temps que nuisibles. Sir (1874-90) a disséqué 50 Buses, et n'a constaté, dans leurs tubes digestifs, que des Campagnols et des Souris. Après avoir examiné plus de 1.000 Buses, Martin (1884), dit n'avoir rencontré qu'une seule fois les débris d'une Perdrix; tous les autres appareils disséqués renfermaient, soit des Insectes, soit des petits Rongeurs; ces derniers étaient tellement nombreux qu'un seul tube digestif en contenait parfois de 10 à 15. ROERIG (1899-1912) a analysé le contenu des appareils digestifs de 1.210 Buses vulgaires, et a observé que 812 Buses (soit 67,1 %) avaient capturé des petits Rongeurs, en tout 1.887 Campagnols, Souris, Rats, etc., ce qui représente 62,5 % de tous les Mammifères capturés. Du gibier ne fut rencontré que dans les appareils digestifs de 86 Buses vulgaires (7,1 %) qui avaient mangé 86 pièces de gibier (7,5 % de tous les Vertébrés observés). Des Insectes furent trouvés dans les appareils digestifs de 239 Buses. Parmi les 376 Archibuses pattues disséquées par ROERIG, 349 (92,8 %) avaient mangé 1.334 petits Rongeurs. Douze fois cet auteur rencontra aussi du gibier (3,2 %). REY (l. c.) n'a constaté, dans les tubes digestifs des Buses vulgaires qu'une Taupe-Grillon et de nombreux Campagnols. SELYS DE LONGCHAMPS (voir BROCCHI, 1886) a disséqué une Buse qui n'avait pas mangé moins de 15 Campagnols; c'est pourquoi il recommanda d'installer dans les champs de hautes perches, munies d'appuis transversaux, destinés à servir de perchoir aux Rapaces. KOLZ (voir BROCCHI, l. c.) avait calculé qu'une Buse mangeait de 5 à 6.000 Souris par an, car il n'est pas rare de rencontrer dans l'estomac d'un de ces Oiseaux, des débris de 30 petits Rongeurs. KNÉZOUREK (1910) trouva 8 à 10 Campagnols chez un individu. BLASIUS (voir SCHOENHUT, 1890) constata, dans l'appareil d'une seule Buse, des débris de 30 Souris.

Il faut ajouter qu'à côté des petits Rongeurs nuisibles, on a rencontré aussi, dans les appareils digestifs de la Buse vulgaire et de l'Archibuse pattue, des Taupes communes, des Musaraignes, différents Amphibies, des Reptiles, des Oiseaux et du gibier, mais jamais en aussi grand nombre que les Rongeurs et les Insectes.

Les analyses du contenu des tubes digestifs de la *Bondrée apivore* (*Pernis apivorus* [L.]) faites par les auteurs déjà cités (BAER, CHERNEL, ECKSTEIN, REY, ROERIG, etc...) montrent bien que la nourriture de la Bondrée apivore est constituée surtout par des Insectes; ensuite, par des petits Rongeurs, des Musaraignes, des Taupes, des Reptiles et des Amphibies, ainsi que par des petits Oiseaux et du jeune gibier. VESELY (*in* KNÉZOUREK, l. c.), LEISEWITZ (1905-09) ont rencontré des fragments d'œufs d'Oiseaux dans le tube digestif des Bondrées apivores. Ce dernier trouva aussi, dans un seul estomac, 1.400 chenilles de Geometridés variées. HENNICKE (1912) croit que la Bondrée ne capture qu'exceptionnellement les Oiseaux, surtout quand ils sont jeunes. La nourriture végétale même fut aussi rencontrée de temps en temps, et les Bondrées en captivité mangent volontiers les fruits (par exemple les figues, etc..., SCHINZ, 1840). Il résulte de toutes ces études, que la Bondrée apivore est un des Oiseaux de proie diurnes qui consomme le plus d'Insectes; elle détruit une grande quantité de chenilles, de larves et des imagos de Coléoptères, de Lépidoptères, de Guêpes, etc...

Les travaux précédents, ainsi que ceux des auteurs plus anciens (par exemple BREHM, PALLIARDI [l. c.]; CHERTEK, KERTIEZ, voir KNÉZOUREK, l. c.) sur la nourriture du *Faucon pèlerin* (*Falco peregrinus*, Tunst.) montrent que cet Oiseau est un ennemi redoutable des tout petits Oiseaux et de ceux de la grandeur de l'Oie sauvage (CHABOT, 1927). On dit qu'il vit surtout des Oiseaux, qu'il capture pendant leur vol; mais je crois qu'il y a des exceptions : PALLIARDI (1852) nous dit que le Faucon pèlerin lui vola une fois une Bécasse qu'il venait d'abattre. NAGY (*in* KNÉZOUREK, l. c.) constata dans l'appareil digestif d'un Faucon pèlerin des débris de Campagnols! BROCCHI (l. c.) pense, lui aussi, que ce Faucon détruit les petits Mammifères.

En général, le Faucon pèlerin est poursuivi comme destructeur d'Oiseaux (notamment de Pigeons voyageurs). Mais BERLEPSCH (1923) ne compte pas cet animal parmi les Oiseaux de proie dangereux pour les Passereaux. DE LA FUYE (1927) ne croit pas non plus que le Faucon pèlerin cause une diminution du gibier à plume, comme le croyait CHABOT, TESTART (l. c.) et autres auteurs.

La nourriture du *Faucon hobereau* (*Falco subbuteo*, L.) est analogue à celle de l'espèce précédente. Cet Oiseau se nourrit (voir BAER, CHERNEL, REY, ROERIG et autres) de petits Passereaux, en général de Passereaux des champs, qu'il capture au vol. Il mange assez souvent aussi des petits Rongeurs nuisibles et même de nombreux Insectes. CARABUS (1868) dit déjà que le Faucon hobereau se nourrit de Rats, de Musaraignes, d'Insectes, et qu'il ne dédaigne pas les Lézards. Selon GIRARD (1878) il détruit beaucoup de Criquets. ROERIG (l. c.) rencontra dans les appareils digestifs de 40 Faucons hobereaux de nombreux petits

Oiseaux, peu de petits Rongeurs et beaucoup d'Insectes. Rey (l. c.), par exemple, ne trouva dans un seul estomac que de nombreux Insectes. Escherich (1917) croit que le Faucon hobereau est, comme quelques autres Oiseaux de proie (Buses, Bondrée apivore, Faucon crésserelle, quelques Aigles et les Strigidés), un destructeur important d'Insectes nuisibles dans les forêts.

Les *Faucons émerillons* (*Falco aesalon*, Tunst.) se nourrissent d'Oiseaux atteignant la grandeur d'un Tétras (*Tetrao tetrix*, L.) et de petits Rongeurs et d'Insectes (Chernel, Rey, Rœrig, l. c.).

Les *Faucons crésserelles* (*Tinnunculus tinnunculus*, L.), les *Faucons crésserines* (*Tinnuculus cenchris*, Naum.) et les *Faucons Kobez* (*Erythropus vestertinus*, L.) sont considérés en général comme des Oiseaux utiles, car ils détruisent Insectes nuisibles et petits Rongeurs. Il résulte, d'environ 1.000 analyses stomacales faites par Baer, Chernel, Csiki, Eckstein, Rey, Roerig, Rzehak (l. c.) et autres, que la plus grande partie (70 à 90 % de la nourriture du Faucon crésserelle se compose de différents animaux nuisibles (surtout Insectes et Campagnols); pourtant quelques auteurs, comme Degland-Gerbe (1867), croient que le Faucon crésserelle se nourrit en général, comme le Faucon hobereau et le Faucon émerillon, de petits Oiseaux et de petits Mammifères; ce n'est que pressé par la faim que le Faucon crésserelle se jetterait sur les Insectes et sur les Reptiles. Les Faucons crésserines vivent, selon les mêmes auteurs, de Sauterelles et de petits Reptiles. Un auteur anonyme, (Dr M. H. [1914]), fut témoin plusieurs fois des attaques du Faucon crésserelle sur les petits Poussins; mais différents auteurs d'ouvrages sur la chasse et l'élevage du gibier (CARABUS, CERNY, ROZMARA, DE LA RUE [l. c.] et autres) ne rangent pas le Faucon crésserelle parmi les Oiseaux de proie dangereux pour le gibier ou les Passereaux. DE LA RUE dit qu'il a dressé beaucoup de Faucons crésserelles à la chasse; jamais il ne les vit attraper que les Moineaux qu'il leur lâchait dans les champs. Les analyses faites par de nombreux auteurs montrent aussi que les jeunes Faucons crésserelles se nourrissent presque exclusivement d'Insectes, et que les adultes se nourrissent aussi d'Insectes (Sauterelles, Acridiens, Taupes-Grillons, Grillons, Hannetons, larves d'Insectes différents et chenilles) qui représentent presque toujours la majorité de leur nourriture. Mais ces Faucons adultes capturent aussi des Campagnols et de nombreux petits Rongeurs; aussi les Zoologistes agronomes les considèrent-ils comme de grands destructeurs de ces petits Rongeurs nuisibles. Ces Oiseaux détruisent aussi des Musaraignes, des Taupes communes, des Reptiles, des Amphibies, des Mollusques et même des Poissons (KRUGER, 1890). Quant au gibier, ce sont les jeunes Lièvres, les jeunes Faisans, les jeunes Perdreaux qui sont aussi la proie des Faucons crésserelles. Parmi les Passereaux, ce sont les Moineaux qui sont capturés le plus souvent (KNÉZOUREK, l. c.); ces Faucons pillent aussi les nids, car ils ne sont pas assez adroits pour donner la chasse aux Oiseaux adultes qui volent rapidement. REY (l. c.) constata, dans 9 tubes digestifs, un petit Passereau, ainsi que des Souris et des Campagnols. ENGLER (voir KNÉZOUREK, l. c.) tua, en Chine, un Faucon crésserelle, à qui il manquait les deux mandibules : l'animal était puissant et avait rempli son appareil digestif de nombreuses Sauterelles. Plusieurs Entomologistes (MATHIEU, 1848, HILTNER [1909] 1926, HAENEL, 1914-18, ESCHERICH, 1917, VOGEL, 1921 [voir ESCHERICH, l. c.] et autres) le considèrent comme un des principaux destructeurs des Insectes nuisibles, en général des Hannetons.

La nourriture du Faucon crésserine se compose aussi de grands Insectes (voir CHERNEL, l. c., JANDA, 1900-02) (Coléoptères, Sauterelles, par exemple), de petits Rongeurs, de Reptiles et même d'Oiseaux. JANDA, qui a analysé le contenu des tubes digestifs de Faucons crésserines tués dans notre Pays (Lednice, en Moravie), constate surtout des Taupes-Grillons, des Grillons, des Sauterelles, différentes chenilles, mais jamais de débris d'os, de plumes ou de poils; cependant, son Faucon crésserine apprivoisé refusait toujours les Insectes.

Le Faucon Kobez absorbe la même nourriture que celle des deux espèces précédentes (RŒRIG, GSIKI, l. c., NAGY, 1925). Ce dernier auteur range cet Oiseau parmi les grands ennemis d'Acridiens en Hongrie (Pusta Hortobagy).

Mais c'est assurément l'*Autour ordinaire (Astur palumbarius* [L.]) qui est le plus hardi et le plus carnivore des Oiseaux de proie. Il fait la chasse aux petits Rongeurs nuisibles (CARABUS [l. c.], par exemple, le range parmi les grands destructeurs de Campagnols et de Souris), Musaraignes, Taupes communes, Hamsters, Spermophiles, Ecureuils, Lièvres et Lapins, jeunes et adultes, et même aussi aux animaux carnassiers, comme la Belette. Il capture toutes les espèces d'Oiseaux, du plus petit, comme le Tarin ordinaire (*Chrysomitris spinus* [L.]), jusqu'au plus grand, comme le Faisan ou l'Oie sauvage. Il pille aussi les nids, fait la chasse aux Pigeons domestiques et cause même de graves dégâts dans les basses-cours. L'étude des mœurs de l'Autour ordinaire a fait l'objet d'un nombre de travaux considérables; de nombreux auteurs décrivent la façon dont il attaque sa proie. L'endroit où cet Oiseau fait son nid ressemble à un abattoir, où on trouve de nombreux cadavres d'animaux variés. Selon LOEWIS (1898), dans les Pays Baltiques, ce sont les Corbeaux en général qui représentent la principale nourriture de l'Autour ordinaire. ECKSTEIN (1897) considère l'Autour comme un grand ennemi des Ecureuils. Comme il détruit beaucoup d'Oiseaux de basse-cour et de gibier, on abat sans pitié ce Rapace.

BERLEPESCH (l. c.) le place, à côté de l'*Epervier ordinaire* (*Accipiter nisus* [L.]), parmi les Oiseaux dangereux pour les Passereaux. Les auteurs déjà cités (BAER, CHERNEL, ECKSTEIN, REY, ROERIG, RZEHACK) et d'autres (MUELLER, 1868, GRASNER, 1886, TILSCH, 1898, STOLZ, 1905, HENNICKE, 1911, VOGDT, 1911, LAMBRECHT, 1914, BITTERA, 1915; DRVOTA, GROSSMANN *in* KNÉZOUREK, l. c.) ont rencontré dans les appareils digestifs d'Eperviers disséqués, et autour de leurs nids, des débris de petits Mammifères, d'Insectes et surtout de petits Oiseaux. Aussi l'Epervier est-il considéré comme un grand destructeur d'Oiseaux. Mais déjà LIEBE, WANCELIN et DETMERS (*in* HENNICKE, 1912) constatèrent que, contrairement à toute attente, dans les Cantons forestiers où l'on abattait les Eperviers, les petits Oiseaux disparaissaient. On a expliqué ce fait de la façon suivante: à mesure que les Eperviers se raréfiaient, il y avait un accroissement du nombre des Geais et des Pies; or ces Oiseaux consomment, comme l'on sait, une quantité considérable de Passereaux, dont ils pillent surtout les nids; Gaies et Pies devenant plus abondants, le nombre des petits Oiseaux a diminué. On croit d'ailleurs que l'on observerait des faits analogues, si l'on faisait une chasse intensive à l'Autour ordinaire.

Les analyses du contenu de l'appareil digestif du *Busard Saint-Martin* (*Circus cyaneus* [L.]) faites par BAER, CHERNEL, REY, ROERIG (l. c.) et autres auteurs, nous donnent la preuve que la nourriture de cet Oiseau comprend de 70 à 80 % d'animaux nuisibles; on pense cependant que ce Busard est plus nuisible qu'utile. Il se nourrit de Campagnols et d'autres petits Rongeurs nuisibles, comme les Hamsters, les Spermophiles, et même d'Insectes, etc..., mais il capture aussi des Amphibies, des Insectivores, du jeune gibier et pille beaucoup de nids d'Oiseaux, surtout d'Alouettes. On le compte aussi comme un ennemi des Perdrix et des Faisans, des jeunes Lièvres, des Passereaux et du gibier d'eau. Mais comme il cherche sa proie surtout vers le soir, il ne faut pas oublier qu'il détruit aussi une grande quantité d'animaux crépusculaires : Campagnols, Hamsters, Taupes-Grillons.

Le contenu des appareils digestifs et les pelotes stomacales (*ingluvium*) de plus de 2.000 individus de *Chevêches communes* (*Athene noctua* [Scop.]) ont été examinés par de nombreux auteurs (ALTUM, 1863-98, BAER et UTTENDOERFER, 1897-1910, ROERIG, 1899-1912, CHERNEL, 1901-19, GEYER von SCHEWEP-PENBURG, 1904-11, REY, 1905-13, GRESCHICK, 1910-1924, et autres) ; la nourriture de ce Strigidé se com-pose presque uniquement d'animaux très nuisibles (Campagnols, Souris, 'Rats, Hamsters et nombreux Insectes dangereux). Des Musaraignes, des Chauves-Souris, des Oiseaux, des Batraciens, se rencontrent en beaucoup plus petite quantité. VEVERAN (1909) cons-tata que parmi les Oiseaux capturés par la Chevêche commune, les Moineaux sont en plus grande quantité. NOVOTNY (voir KNÉZOUREK, l. c.) remarqua que les petits qui se trouvaient dans le nid, étaient nourris de Poissons. HAENEL (1918) a rangé la Chevêche com-mune comme le principal destructeur de Hannetons, et ESCHERICH (1917-23) la considère aussi comme un Oiseau très utile aux forêts et aux cultures.

La nourriture de la *Hulotte Chat-huant* (*Syrnium aluco* [L.]), se compose de petits Rongeurs (Câmpa-gnols, Souris, Rats, Hamsters, Ecureuils, etc...), d'In-sectivores (Musaraignes, Taupes, Chauves-Souris), d'Amphibies, de jeunes Lièvres et Lapins et d'Oiseaux, du plus petit jusqu'à ceux qui ont la taille d'un Pigeon. Loos (1905) constata que la nourriture apportée par les parents à leurs petits, se composait, en général, de petits Oiseaux et de jeunes Lièvres. Deux ans après (1907), le même auteur a trouvé, dans le nid d'une Hulotte Chat-huant, 7 cadavres de jeunes Lièvres et Lapins, 3 Souris, 21 Oiseaux, 2 Anoures et 1 Hanneton. De pareilles constatations furent faites par BAU et KNÉZOUREK (l. c.). Mais GANSKE (voir KNÉZOUREK l. c.) trouva une Hulotte Chat-huant airant dans un arbre, à côté d'une Colombe Colombine. La Hulotte détruit les Insectes volants, comme le Hanneton, et aussi de nombreuses chenilles. PRINC (1877) trouva dans l'estomac d'une Hulotte Chat-huant 75 chenilles de Sphinx du Pin (*Sphinx pinastri*, L.). Une autre fois on constata, dans un seul appareil, des débris de 675 chenilles de Fidonia du Pin (*Bupalus [Fidonia] piniarius*, L.). L'examen du contenu de l'appareil digestif et des pelotes stomacales de Hulottes Chat-huants (voir MARTIN, 1884, HOMEYER, 1885-97, ECKSTEIN, 1887-1901, JARKOVSKY, 1889, JACKEL, 1891, LEISEWITZ, 1905-09, MICHEL, 1913, CAPEK, 1924, et autres) montre que la nourriture de cet Oiseau comprend de 75 à 80 % d'animaux nuisibles; les services que rend la Hulotte Chat-Huant compensent donc largement les dégâts que cause cet animal; ce fait était déjà bien connu des auteurs plus anciens (MATHIEU, 1847-48).

D'après les résultats des études de GRESCHIK, REY, ROERIG (l. c.), de SCHMIDT (voir KNÉZOUREK, l. c.), le *Ptynx de l'Oural (Syrnium uralense [Pallas]*) est considéré comme un Oiseau utile à l'agriculture et aux forêts. Mais il est regardé comme beaucoup plus nuisible au gibier que la Hulotte Chat-huant. Sa nourriture se compose en général de Campagnols et d'autres Rongeurs nuisibles (l'Ecureuil, par exemple), d'Insectivores, d'Oiseaux et d'une assez grande quantité de gibier (Lapin, Lièvre, Tetras, etc...). SCHMIDT constata dans le nid d'un Ptynx de l'Oural, un Ecureuil, un Geai, un Coucou, une Colombe et de nombreux Campagnols et Souris. Au Printemps, le Ptynx aime manger souvent les Insectes volants (Géotrupidés, Hannetons, Lépidoptères nocturnes).

La plupart des auteurs considèrent l'*Effraye commune* (*Strix flammea*, L.) comme un Oiseau de proie nocturne très utile ; cet Oiseau se nourrit surtout de Campagnols, de Souris, de Rats et de divers autres Rongeurs nuisibles, d'Insectes nombreux (surtout Hannetons et autres Coléoptères, Taupes-Grillons et Lépidoptères). Elle ne mange pas les œufs d'Oiseaux et ne capture pas en grande quantité les Oiseaux, les Chauves-Souris et autres Insectivores, ni les Amphibies. Mais on a rencontré aussi dans son tube digestif des Carnivores, par exemple la Belette commune (*Putorius* [*Ictis*] *nivalis vulgaris*, Erxleben). On a cru longtemps que l'Effraye ne mangeait pas les Musaraignes qu'elle capturait, mais on les a trouvées dans son tube digestif. Elle ne doit pas être dangereuse pour les Oiseaux des basses-cours ni pour les Colombes domestiques, bien qu'elle niche assez fréquemment dans les pigeonniers. Mais il faut ajouter cependant, que plus d'une fois on a vu l'Effraye commune emporter un Oiseau domestique (NOVAK, 1888, LINTIA, 1908, KNÉZOUREK, 1910) ; on croit aussi qu'elle est l'ennemie des Moineaux (SZOMJAS,

1908). En analysant 354 pelotes stomacales d'Effrayes communes, ALTUM (l. c.) trouva 1.064 petits Rongeurs nuisibles (Campagnols, Souris, Rats), 12 Moineaux, 7 Chiroptères et 2 Martinets. HOMEYER (l. c.) trouva autour d'un nid d'Effrayes communes, environ un boisseau (environ 25 litres) de cadavres de Campagnols et de Souris. KNÉZOUREK (l. c.) constata plusieurs fois, autour d'un nid, 30 à 40 Souris et Campagnols. Les analyses de pelotes stomacales provenant d'individus tués en Europe, à Madère et au Maroc, faites par ALTUM, BAER, BAER et UTTENDOERFER, CHERNEL, GEYER von SCHWEPPENBURG, GRESCHICK, REY, RŒRIG, RZEHACK (l. c.) donnèrent les mêmes résultats. GOURNEY (voir Compte rendu dans la *Revue Française d'Ornithologie,* 1917) constata dans 114 pelotes stomacales d'Effrayes communes analysées au Printemps 1911, les crânes de 19 très petits Rongeurs, de 126 Souris des bois et de Campagnols agrestes, de 19 Musaraignes terrestres et de 3 petits Oiseaux, probablement des Verdiers; il ne constata aucun reste de gibier. Les analyses d'environ 25.000 pelotes stomacales et tubes digestifs d'Effrayes communes démontrèrent que cette nourriture était représentée dans la proportion de 70 % par des animaux nuisibles, surtout des Rongeurs.

Le *Hibou brachyote (Asio accipitrinus [Pall.])* mange principalement des petits Rongeurs nuisibles (ALTUM, BAER, CHERNEL, ECKSTEIN, GRESCHICK, LEISEWITZ, REY, ROERIG [l. c.], etc...). On trouve aussi des Insectes et des Oiseaux, mais en beaucoup moins grande quantité et assez peu souvent. LOEWIS

(1898) nous assure que dans les Pays Baltiques, les Lièvres et les Oiseaux, notamment le gibier à plume, représentent la principale nourriture du Hibou brachyote. HENNICKE (1912) pense que ce n'est qu'une exception en rapport avec des conditions locales particulières. Dans notre Pays, le Hibou brachyote vient en Automne, il est abondant pendant « les années à Campagnols » et capture alors une grande quantité de ces Rongeurs (CAPEK, JANDA, KNÉZOUREK, MICHEL, PRINC, l. c.).

Mais c'est le *Hibou vulgaire* (*Asio otus* [L.]) qui est vraiment un ennemi redoutable des petits Rongeurs nuisibles comme les Souris, les Campagnols (ALTUM, BAER, CHERNEL, ECKSTEIN, GEYER von SCHWEPPENBURG, GRESCHICK, LEISEWITZ, PARROT, REY, ROERIG, RZEHACK, UTTENDOERFER, l. c.) et aussi des grands Insectes, notamment des Hannetons (HAENEL, 1918, ESCHERICH, 1923). Les autres Rongeurs comme les Loirs, les Spermophiles, les Hamster, les jeunes Lièvres et Lapins, puis les Musaraignes, les Taupes communes, les Anoures et différentes espèces de petits Oiseaux fournissent aussi la nourriture du Hibou vulgaire. On constate assez rarement la présence d'Oiseaux dans l'appareil digestif et dans les pelotes stomacales, bien que KUNOVSKY (1928) relate qu'on a attrapé un individu en capturant un Dryopic noir (*Picus martius* [L.]). Plus de 13.000 analyses de tubes digestifs et de nombreuses pelotes stomacales ont montré que 96 à 97 % de la nourriture de ce Hibou sont constitués par des animaux nuisibles à l'agriculture et aux forêts. ALTUM (1864) a trouvé, dans 25 pelotes stomacales, 25 Souris et Campagnols, 6 Musaraignes et 2 Oiseaux. Rœrig (l. c.) trouva, dans 200 tubes digestifs, une quantité énorme de petits Rongeurs (95 % de tous les animaux rencontrés). Les Oiseaux mangés n'entrent que dans la proportion de 4 % dans la composition de la nourriture. Geyer von Schweppenburg (1907) ayant examiné 6.025 pelotes stomacales, trouva 10.180 Vertébrés parmi lesquels il a compté 9.625 Campagnols et Souris, 57 Spermophiles, 1 Loir, 1 Hamster, 40 Taupes communes, 71 Oiseaux, 47 Anoures et 4 jeunes Lièvres. Les Rongeurs nuisibles y existent dans la proportion de 97,5 %.

Des études approfondies faites sur le *Grand-duc* (*Bubo bubo* [L.]) nous prouvent qu'on ne doit pas détruire cet Oiseau d'une façon systématique, comme on le fait si souvent. Il chasse de nombreuses espèces d'animaux, depuis la petite Souris jusqu'au jeune Chevreuil, depuis le petit Passereau jusqu'au Tetras. Mais on a rencontré aussi dans son tube digestif des Amphibies, des Reptiles et des Insectes. Selon Hennicke (l. c.), un Grand-duc a même essayé de capturer un Chat sauvage; le Renard peut-être aussi ne peut pas être si sûr de sa vie (Knézourek, l. c.). Le nid du Grand-duc est comme un abattoir de gibier, d'Oiseaux et petits Rongeurs. Homeyer (l. c.) y a trouvé les cadavres de 2 jeunes Lièvres, d'un Vaneau, d'une Bécassine et de 2 Rats gris. Les appareils digestifs et les pelotes stomacales analysés par Chernel, Greschick, Jaeckel, Leisewitz, Rey, Rœrig, Rzehack et autres (l. c.), renfermaient du gibier et des Oiseaux en une telle quantité qu'ils représentent 70 % des Vertébrés capturés, les 30 autres centièmes étant représentés par des animaux nuisibles comme les petits Rongeurs. Malgré tout il ne faut pas oublier qu'à côté des petits Oiseaux et du gibier, le Grand-duc tue un grand nombre de Corbeaux et de Rongeurs nuisibles. RICHARD (voir MORBACH, 1928) constata dans le nid d'un Grand-duc pas moins de 8.000 mandibules de Campagnols et Souris. Les forestiers allemands de 128 Cantons ont fait savoir à PFEIFFER (*in* MORBACH, l. c.) que la principale nourriture du Grand-duc est constituée par des Ecureuils, des Corbeaux, des Choucas, des Geais et des Pies, tous animaux qui détruisent le jeune gibier, et de nombreux Oiseaux utiles. Cet auteur considère aussi le Grand-duc comme le seul ennemi redoutable du Chat domestique. PFEIFFER trouve cet Oiseau plus utile que nuisible aux Oiseaux et au gibier. En Hongrie et dans les steppes orientales en général, le Grand-duc détruit de nombreux Spermophiles. MATHIEU (l. c.) reconnaît que le Grand-duc peut attaquer les Chevreuils, les Lièvres, les Tetras; il est d'accord avec les auteurs précédents, pour dire que la nourriture principale du Grand-duc se compose de Mammifères rongeurs, de gros Insectes comme les Hannetons, les Lépidoptères crépusculaires ou nocturnes. CARABUS (1868) et BROCCHI (1886) disent aussi que la nourriture principale de cet Oiseau est constituée par des Rongeurs et des Insectes. HENDERSON (1927) considère que parmi les 73 espèces ou sous-espèces d'Oiseaux américains, 5 ou 6 espèces seulement, dont une espèce nocturne, le Grand-duc de Virginie, peuvent être regardées comme plutôt nuisibles qu'utiles. Mais comme le Grand-duc est devenu très rare, on demande de le protéger et on le protège déjà dans les Cantons forestiers connus pour l'élevage du gibier.

En résumé, la nourriture des *Strigidés* se compose de différents Vertébrés, parmi lesquels les petits Rongeurs nuisibles dominent; on a rencontré aussi très souvent, et en assez grand nombre, dans le tube digestif de ces Oiseaux, des Insectes variés, parfois nuisibles : Hannetons, Taupes-Grillons (ZDAREK, 1881), chenilles et imagos de Lépidoptères crépusculaires (Nonne moine, Sphynx du Pin, Noctuelle piniperde). On peut dire avec MATHIEU (l. c.) « que les Nocturnes forment une des familles les plus utiles du règne animal et que la destruction des Oiseaux de Nuit est en tout contraire à nos intérêts »; cette opinion est aussi celle de nombreux auteurs : VOGT (l. c.), NEKUT, 1877, WALTER, 1877, BARTUSKA, 1890, PRINC, 1896, REY, 1913, BUBAK, 1902-03, HILTNER, (1909) 1926, UZEL, 1913-17, ESCHERICH, 1916-23, etc., etc..., qui affirment que les Hiboux, Oiseaux les plus utiles, représentent une vraie bénédiction pour les localités dans lesquelles ils s'établissent.

Un nombre considérable de travaux ont été consacrés à l'étude de la nourriture des *Corvidés (Corbeau corneille [Corvus corone, L.], Corbeau mantelé [Corvus cornix, L.], et Corbeau freux [Corvus frugilegus, L.]*). Les opinions les plus contradictoires ont été émises. Déjà au XVIIIe siècle on s'intéressa à cette question ; on considérait alors ces Oiseaux comme étant des animaux nuisibles aux cultures agricoles, aux prairies et même aux pâturages et on préconisait leur destruction.

L'examen du contenu de nombreux appareils digestifs (BAER, ECKSTEIN, REY, RŒRIG, LOOS, THAISZ, ZDOBNICKY, l. c., etc.) et des expériences faites sur des Corbeaux en captivité (RŒRIG, 1903-06-12) ont montré que le Corbeau corneille et le Corbeau mantelé sont plus omnivores que le Corbeau freux. Les deux premiers se nourrissent d'Oligochètes, d'Arthropodes (surtout d'Insectes), de Mammifères et de végétaux. Ils capturent les Campagnols, les Souris, les petits Insectivores (Musaraignes). De nombreux Oiseaux, surtout les œufs et les petits qui sont dans les nids sont leur proie durant les époques de nidification (BUXBAUM, 1901, HANTZSCH, 1901, KNÉZOUREK, 1902-12, FUCHS, 1909, BERLEPSCH, 1899-1923). C'est aussi pour cette raison que BERLEPSCH range ces Corvidés parmi les ennemis des petits Oiseaux. Les Corbeaux corneilles et les Corbeaux mantelés capturent aussi du gibier à plumes et à poils (Perdrix, Faisans, Canards et Lièvres) et surtout du jeune gibier. Ils sont aussi très friands de Reptiles et de différents habitants des eaux douces (Poissons, Ecrevisses, Batraciens, Mollusques, notamment la Mulette des peintres [*Unio pictorum*, Phil.]), [MILLET, 1828, voir DEGLAND-GERBE, 1867; KAFKA, 1884, MICHEL, 1891, STÉPAN]. Les agriculteurs se plaignent très souvent des dégâts causés par les Corbeaux dans les champs, les vergers et les basses-cours (NORDMANN,

1839, voir Degland-Gerbe, l. c. ; Jablonowski, 1901-02, Bau, 1905, Ziemer, voir Knézourek, l. c.; Bottay, 1900, Schleh, 1904, Chappellier, 1923-27 et nombreux autres). De la Rue (l. c.) note leur caractère d'Oiseaux omnivores en disant que l'on ne sait pas ce qu'ils ne mangent pas.

Les Corbeaux corneilles et les Corbeaux mantelés sont-ils utiles ou nuisibles à l'agriculture ? Les réponses à cette question sont très différentes. Rœrig (l. c.), qui a analysé plus de 3.500 appareils digestifs, est d'accord avec Brehm et Naumann (l. c.) pour dire que ces deux Corvidés sont plus utiles que nuisibles. Il a constaté, par exemple, que la nourriture de 3.259 individus se composait de 57,6 % de matières végétales, de 23,9 % de matières animales; le reste est représenté par des cailloux. 2,3 % de tous ces animaux avaient mangé du gibier; 10,6 % avaient ingéré des petits Rongeurs et 28,4 % des Insectes. Beaucoup d'autres auteurs, par exemple Hollrung, 1896, Hauer, 1904, Soos, 1904, Szomjas, 1908-25, Hennicke, 1912, etc... sont du même avis, mais certains comme Jablonowski, 1901-02, ont une opinion différente. Eckstein (1897) trouve que les Corbeaux sont utiles à l'agriculture et aux forêts parce qu'ils détruisent de nombreux Insectes nuisibles, surtout des larves et imagos de Hannetons, des Hylobes, des chenilles de Bombyce du Pin, de Nonne moine, de Tenthrèdes et autres. Dans les champs, ils tuent beaucoup de chenilles de Noctuelles, de larves de Zabres bossus et de Taupins, des larves et imagos de Charançons, des Forficules, etc. Escherich (l. c.) les compte aussi parmi les destructeurs importants des Insectes nuisibles aux forêts. GERHARDT (1900) nous apprend que les Corbeaux mantelés détruisent de grandes quantités de Hannetons foulons (*Polyphylla fullo*, L.). D'après LOMONT (1924), le Corbeau corneille, grand destructeur de Hannetons, est utile à l'agriculture. Par contre, RITSCHIE (1926) range cette espèce et le Corbeau mantelé parmi les Oiseaux les plus nuisibles aux cultures.

On admet, en général, que ces deux Corbeaux sont très nuisibles au gibier (beaucoup plus, par exemple, que le Corbeau freux) et qu'ils détruisent aussi un grand nombre de Passereaux. Cependant PROCHAZKA (1926) dit qu'en Saxe et en Posnanie, pays riches en Corbeaux, vivent cependant un grand nombre de Faisans et de Lièvres.

On a beaucoup discuté aussi, pendant ces cent dernières années, au sujet du *Corbeau freux* (*Corvus frugilegus*, L.). Les auteurs anciens (BREHM, NAUMANN, l. c.) et récents (RŒRIG et autres, l. c.) le trouvent beaucoup plus utile que nuisible à l'agriculture; certains cependant le rendent responsable des dégâts causés dans les cultures agricoles. Le Freux est omnivore : il se nourrit de divers Arthropodes, de petits Vertébrés, de Mollusques, de Vers de terre, de débris animaux en putréfaction et de végétaux. Ce sont surtout les Oligochètes et les Arthropodes, notamment les Insectes, qui constituent avec les Rongeurs la nourriture principale de cet Oiseau. NAUMANN (l. c.) dit que toujours il a rencontré des Campagnols dans le tube digestif des Corbeaux freux tués aux époques où ces Rongeurs sont abondants.

Un gésier peut renfermer les débris d'une demi-douzaine de ces animaux.

Beaucoup d'auteurs reconnaissent les services rendus par les Freux en détruisant les Hannetons et leurs larves (ALTUM, 1873, LOOS, 1893-1916, BODEN, 1896, HOLLRUNG, 1896, RŒRIG, 1899-1912, GERHART, 1900, BURKET, 1905, HILTNER, (1909) 1926, PUSTER, 1910-11, ZWEIGELT, 1913-18, HAENEL, 1918, VOGEL, 1921 [voir ESCHERICH, 1923], DECOPPET, 1920, DYK, 1922, NECHLEBA, 1923, WACHS, 1923, WITTINGHOFF-RISCH, 1924-25, MUSILEK, 1925, PROCHAZKA, 1926, SACHTLEBEN, 1926, etc.). Ce Corvidé détruit aussi un nombre considérable d'Insectes nuisibles : Zabres bossus, Elatèrides, Charançons, chenilles de Noctuelles, larves de Tipulides, des Bibionides, etc.; RŒRIG (l. c.), par exemple, rencontra dans un seul estomac 100 larves d'Elatèrides. Les Freux détruisent aussi de nombreux Hylobes, des Taupes-Grillons, des Phasgonurides et Locustides (GERSTAECHER, 1876, ZDAREK, 1881, THAISZ, 1899, ECKSTEIN, 1901, JABLONOWSKI, 1901-02, HERMANN, 1901, ESORGEY, 1904, SOOS, 1904, SCHENCK, 1907-10, SZOMJAS, 1911-25, BREDEMANN, 1916, ESCHERICH, 1917-23, BUECHER, 1918, NAGY, 1925, RUZICKA, 1925, et nombreux autres).

Ces nombreuses études, ainsi que celles de RZEHAK (1896-1905), THIENEMANN (1902), BAER (1903-13), HAUËR (1904), REY-REICHERT (1905-10), RŒRIG (l. c.) [ce dernier examina lui-même plus de 1.500 appareils digestifs], concordent avec celles de BREHM et NAUMANN : le Freux est beaucoup plus utile que

nuisible à l'agriculture. Aussi Szomjas (1925) recom-
mande-t-il la protection de cet Oiseau en Hongrie.
Les Entomologistes forestiers, comme Altum, Eckstein, Escherich, Haenel, Loos (l. c.) et autres,
admettent eux aussi que les services rendus par cet
Oiseau dans les forêts sont beaucoup plus importants
que les dégâts qu'ils peuvent y causer. Et pourtant
on se plaint beaucoup des ravages que font les Freux
dans les champs (Jablonowski, 1901-02, Hiltner,
1909-26, Chappellier, 1923-26).

Les *Corbeaux choucas* (*Colaeus monedula*, L.)
mangent de nombreux Insectes (larves, chrysalides et
adultes), d'autres Arthropodes variés, des Mollusques
et des Oligochètes. Ils capturent également de petits
Mammifères, notamment des Rongeurs (Campagnols),
des Oiseaux dont ils pillent souvent les nids et, à
l'occasion, deviennent charognards comme les autres
Corvidés. Ils ingèrent aussi des graines, des fruits et
des fragments végétaux (Lindner, 1893). Mais ils
sont plus insectivores que carnivores et plus zoophages
que phytophages. Les Choucas sont considérés plus
utiles que nuisibles, car ils détruisent beaucoup
d'Insectes nuisibles, des Hannetons (Girard, Vogel,
l. c.), des chenilles de Nonne moine (Eckstein, l. c.),
de Bombyce livrée (Knézourek, l. c.), de Torteuses
vertes (Hennicke, 1912) et de Tenthrèdes. Mais
quand ils sont très abondants dans les corbeautières
ils sont assez incommodants (Jex, 1877, Knézourek,
l. c.), car ils causent de grands dégâts dans les vergers,
parmi le gibier à poil et à plume et parmi les
Passereaux.

Ajoutons que les études faites sur les Corbeaux américains concordent avec la plupart de celles qui ont été faites en Europe (voir KALMBACH, 1920, BEALL, 1915-23, HENDERSON, 1927). En Amérique on considère également que les Corbeaux sont en général, plus utiles que nuisibles.

DEUXIÈME PARTIE

ÉTUDES PERSONNELLES

SUR LA

NOURRITURE

BUSE VULGAIRE (*Buteo vulgaris*, Leach)

La Buse vulgaire est un Oiseau parfaitement commun dans notre pays. Nous avons analysé le contenu de l'appareil digestif de 214 individus.

La nourriture constatée dans l'appareil digestif de cinq Buses vulgaires tuées pendant le mois de *janvier* 1922-1926, se compose de 18 petits Rongeurs (*Murinœ* et *Microtinœ*), d'une Taupe commune (*Talpa europœa*, L.), d'une Perdrix grise (*Perdix perdix* [L.]), des débris d'un petit Oiseau et de nombreux Insectes. Parmi les petits Rongeurs, ce sont surtout les Campagnols vulgaires (*Microtus arvalis* [Pall.]) qui sont les plus nombreux. Mais nous avons eu l'occasion de constater aussi la présence de : 2 Campagnols amphibies (*Arvicola amphibius* [L.]) ; 3 Campagnols des bois (*Evotomys glareolus*, Schreber) ; et 2 Rats gris (*Mus norvegicus*, Erxleben). Les Insectes sont représentés par des chenilles de Noctuelle des Moissons (*Agrotis segetum*, Schiff.) et des larves de Zabres bossus (*Zabrus gibbus*, F.). Dans l'estomac d'une seule Buse nous avons trouvé, par exemple, 14 chenilles de Noctuelles des Moissons, 23 larves de Zabres bossus et des restes très nombreux de ces larves et de ces chenilles, quoique la Buse renfermât aussi dans son appareil 3 Campagnols vulgaires.

Dès le mois de *février* des années ci-nommées, nous n'avons disséqué que 3 Buses vulgaires. Une de celles-ci avait dans son estomac 2 Campagnols vulgaires presque intacts encore et des débris de 5 Campagnols vulgaires, à côté de débris de 2 autres Campagnols (*Microtinœ*) et d'une Souris (*Mus* spec?). La seconde avait 7 Campagnols vulgaires et la troisième capturée, 1 Campagnol vulgaire et 1 Oiseau noir que nous croyons être un Merle noir (*Turdus merula*, L.).

Les 13 Buses vulgaires tuées pendant le mois de *mars* renfermaient 12 fois dans leur appareil digestif des petits Rongeurs nuisibles, au total 59, qui sont les suivants : 31 Campagnols vulgaires (*Microtus arvalis* [Pall.]), 5 Campagnols terrestres (*Arvicola terrestris* [L.]), 7 Campagnols des bois (*Evotomys glarcolus*, Schreber), 3 Campagnols amphibies (*Arvicola amphibius* [L.]), 4 Rats gris (*Mus norvegicus*, Erxleben) et 9 Souris (*Mus* spec?). L'estomac d'une

Buse ne contient pas que des fragments de chenilles de Noctuelles (*Agrotis segetum*, Schiff) et de larves de Zabres bossus (*Zabrus gibbus*, F.), qui sont très nombreux et fortement macérés: il y avait aussi des appareils digestifs des 9 Buses déjà citées, qui renfermaient des débris de nombreuses larves d'Insectes, nous croyons de Zabres bossus et des Noctuelles.

Les appareils digestifs de toutes les 28 Buses vulgaires tuées au mois d'*avril*, renfermaient des Rongeurs nuisibles, en tout 109, que voici : 53 Campagnols vulgaires (*Microtus arvalis* [Pall.]), 15 Campagnols amphibies (*Arvicola amphibius* [L.]), 17 Rats gris (*Mus norvegicus*, Erxleben), 9 Souris des bois (*Mus sylvaticus*, L.), 6 Campagnols (*Microtinæ*) et 9 Souris (*Mus* spec?). Ensuite nous avons constaté 3 Taupes communes (*Talpa europæa*, L.), 5 Musaraignes (*Sorex? araneus*, L.) et 4 petits Lièvres tout jeunes (*Lepus europæus*, Pall.). Dans 15 appareils digestifs se trouvaient des chenilles d'une Noctuelle (*Agrotis* spec?) et des larves de Zabres bossus, toutes très nombreuses; par exemple, dans un seul estomac, nous avons constaté 34 larves de Zabres bossus, 4 chenilles d'une Noctuelle et 3 Campagnols vulgaires.

Dès le mois de *mai*, nous étions en possession des analyses des appareils digestifs de 31 Buses vulgaires. 22 de ces Oiseaux avaient capturé 76 petits Rongeurs (*Murinæ* et *Microtinæ*). Parmi ces 22 Buses, il y en avait 12 qui renfermaient encore dans leur appareil digestif, différents Insectes, quelquefois très nombreux. Le tube digestif des 9 autres Buses renfermaient la nourriture suivante : 2 Buses avaient attrapé 2 Ecureuils (*Sciurus vulgaris*, L.), 1 Campagnol vulgaire (*Microtus arvalis* [Pall.]), 1 Souris des bois (*Mus sylvaticus*, L.) et 3 Lézards (*Lacerta* spec?). Dans l'estomac d'une femelle de Buse nous avons trouvé des débris d'un Spermophile (*Citellus citellus* [L.]) et 1 Taupe commune (*Talpa europœa*, L.). Un mâle avait capturé un Hamster (*Cricetus cricetus* [L.]), 1 Campagnol vulgaire et 4 Musaraignes (*Sorex* spec?). Quatre autres Buses mangèrent une Perdrix grise (*Perdix perdix* [L.]), 7 jeunes petits Oiseaux, et 4 Lézards (*Lacerta* spec?), quoiqu'elles renfermaient aussi dans leur appareil digestif des débris de 4 Campagnols, des Taupes-Grillons (*Gryllotalpa gryllotalpa* [L.]) et d'autres nombreux Insectes. Deux tubes digestifs ne renfermaient que des débris nombreux de Taupes-Grillons, ce que nous avons également constaté dans les appareils digestifs de 6 Buses, dont il a été déjà fait mention. Un estomac dans lequel nous avons trouvé des débris de 3 Campagnols (*Microtinœ*), d'une Musaraigne (*Sorex* spec?) et de 3 Lézards (*Lacerta* spec?) renfermait surtout des débris très nombreux de Hannetons (*Melolontha vulgaris*, L. et *M. hippocastani*, F.) et des peaux de chenilles poilues. Nous y avons compté 73 pygidiums de Hannetons. Ce sont aussi des Hannetons (*M. vulgaris*, L. et *M. hippocastani*, F. et 2 fois *Polyphylla fullo*, L.) et des Taupes-Grillons que nous avons constaté le plus souvent et en très grand nombre. Mais on a trouvé aussi des peaux de chenilles poilues et non poilues, des larves de Zabres bossus (*Zabrus gibbus*, F.; 5 fois, et 9 larves comme maximum), des débris de grands

Carabidés (9 fois) et 4 fois des débris de Cerfs volants (*Lucanus cervus*, L.) et d'autres Insectes peu nombreux.

Il faut ajouter ici une note intéressante : cinq Buses vulgaires tuées le même jour dans un canton forestier où il y a un grand élevage de gibier, surtout de Faisans colchiques (*Phasianus colchicus*, L.) et de Lièvres (*Lepus europœus*, Pall.), né renfermaient dans leurs appareils digestifs que des petits Rongeurs (*Murinœ* et *Microtinœ*), des Taupes-Grillons (*Gryllotalpa gryllotalpa* [L.]), des Hannetons (*Melolontha* spec. dif.), des autres Insectes et pas le moindre débris de gibier.

Au mois de *juin* des années citées, nous n'avons analysé que le contenu de 7 appareils digestifs de Buses vulgaires : deux Buses mangèrent 3 Campagnols vulgaires, une autre avala 2 Campagnols terrestres (*Arvicola terrestris* [L.]), deux Buses prirent 3 Rats gris (*Mus norvegicus*, Erxleben), la sixième avait dans son appareil digestif 1 Rat gris, 1 Campagnol vulgaire, des débris d'un jeune Oiseau et des débris chitineux de *Geotrupes* spec? La septième Buse pilla la couvée d'un Oiseau insectivore : son estomac renfermait cinq jeunes Oiseaux nus, deux Campagnols terrestre et une grande chenille poilue (une Bombycide).

Dans les appareils digestifs de 10 Buses tuées au mois de *juillet*, nous avons trouvé 9 fois des petits Rongeurs nuisibles ou de leurs débris, soit au total 41 petits Rongeurs (*Murinœ* et *Microtinœ*, 4 Rats gris compris). Une fois nous avons trouvé des débris d'un jeune Lièvre et une fois des débris d'un tout jeune Faisan (ou jeune Perdrix). Ces estomacs renfermaient aussi des débris de petits Rongeurs. Dans l'estomac d'une Buse, nous n'avons trouvé que des débris de 3 jeunes Oiseaux, que nous croyons être des jeunes Merles noirs (*Turdus merula*, L.) et un tout petit Canardeau domestique.

Les 10 Buses vulgaires tuées pendant le mois d'*août* prenaient une nourriture très différente. La nourriture de 5 d'entre elles consistait en 13 Campagnols vulgaires (*Microtus arvalis* [Pall.]), 3 Rats gris (*Mus norvegicus*, Erxleben), 1 Campagnol des bois (*Evotomys glareolus*, Schreber) et quelques restes de différents Insectes. Les autres 5 Buses avalèrent aussi des petits Rongeurs nuisibles, 15 en tout. Mais la plus grande partie du contenu de leur appareil digestif était composée de différents Insectes : fragments de plus de 10 *Geotrupes sylvaticus*, Panz., 11 *Carabus glabratus*, Payk., 2 *C. violaceus*, L., 6 Hylobes du Pin (*Hylobius abietis*, L.), 9 *Hylobius* spec?, 9 Pisodes (*Pisodes* spec?), des fragments nombreux de différents Cerambycidés et des débris très nombreux de larves et d'imagos de Chrysomélides différentes et 16 imagos de Zabres bossus (*Zabrus gibbus*, F.). Ensuite, il y avait des débris de *Lamellicornia* variés (*Anisoplia austriaca*, Hbst., *A. segetum*, Hbst. et de *Rutelini* et *Cetonini* non déterminés), 4 *Dytiscus marginalis*, L., des débris très nombreux de peaux de chenilles de différentes Noctuelles (*Agrotis*, *Mamestra* et Noctuelles piniperdes [*Panolis piniperda*, Panz.]), des *Bombycidæ* et *Liparidæ*, par exemple, 37 chenilles de *Liparidœ* dans un seul estomac; nous croyons que c'était celles de la Nonne moine (*Liparis monacha,* L.), car la forêt où cette Buse fut tuée fut justement attaquée par ce Lépidoptère. Ensuite, il y avait des débris de chrysalides de Lépidoptères (*Rhopalocera-Pieridœ ?, Heterocera-Liparidœ ?, Noctuœ ?*) et des peaux de larves d'une espèce de Tenthrède. Il y avait aussi des fragments de Sauterelles, lesquels étaient assez nombreux. Les deux Buses vulgaires ne possédaient dans leur tube digestif que des débris de Taupes-Grillons (*Gryllotalpa gryllotalpa* [L.]), en somme 23 pièces et quelques débris d'autres Insectes. Un mâle avait avalé un Hamster (*Cricetus cricetus* [L.]), un autre mâle, un Ecureuil (*Sciurus vulgaris,* L.), et des Insectes. Dans l'appareil digestif d'une Buse, nous avons trouvé deux jeunes Lièvres (*Lepus europœus,* Pall.), et dans celui d'une autre, une jeune Perdrix grise (*Perdix perdix* [L.]). Une fois nous avons constaté une Grenouille verte (*Rana esculenta,* L.), une autre fois, deux Crapauds communs (*Bufo vulgaris,* Laur.). Une autre fois encore, une Rainette verte (*Hyla arborea,* Cuv.). Une Buse renfermait dans son estomac deux Salamandres tachetées (*Salamandra maculosa,* Laur.). Tout cela à côté d'Insectes, surtout à côté de débris de peaux de chenilles et de Taupes-Grillons et une fois, à côté de débris d'une Limace ou Arion (*Limax? Arion?*). En somme, ces 20 Buses ont avalé 32 petits Rongeurs (Campagnols vulgaires, Campagnols des bois, Rats gris et Souris des bois), 1 Ecureuil, 1 Hamster, 2 jeunes petits Lièvres, 1 Perdrix grise, 1 Grenouille verte, 2 Crapauds communs, une Rainette verte et 2 Salamandres tachetées, et, dans 19 appareils digestifs, de nombreux Insectes appartenant à différents groupes.

La nourriture des 24 Buses vulgaires tuées au mois de *septembre* est peu variée : 29 Campagnols vulgaires (*Microtus arvalis* [Pall.]), 2 Campagnols agrestes (*Microtus agrestis* [L.]), 7 Campagnols amphibies (*Arvicola amphibius* [L.]), 3 Rats gris (*Mus norvegicus*, Erxleben), 5 Souris des bois (*Mus sylvaticus*, L.), 1 *Mus* spec?, des débris de 2 Souris encore toutes jeunes (*Mus* spec?), 1 Rat des moissons (?) [*Mus minutus campestris*, Desmarest] et 1 jeune Ecureil commun (*Sciurus vulgaris*, L.), en tout 50 Rongeurs. Ensuite, 5 Musaraignes (*Sorex araneus*, L.), des débris d'un Ophidien, 1 coq adulte de Faisan et 1 Pigeon domestique blanc. Les Insectes ne sont pas cette fois très nombreux : 9 Taupes-Grillons (*Gryllotalpa gryllotalpa* [L.]) [dans les estomacs de 5 Buses], 4 Larves de Zabres bossus (*Zabrus gibbus*, F.), 3 peaux de chenilles (*Agrotis?*); des fragments un peu plus nombreux de Sauterelles (*Locustidæ*) et des débris d'une Limace (*Limax* spec?).

Dès le mois d'*octobre*, nous avons analysé 41 Buses vulgaires. 36 Buses n'ont dans leur appareil digestif que des petits Rongeurs ou leurs débris. Nous avons compté 54 Campagnols vulgaires, 21 Campagnols amphibies, 9 Campagnols des bois (*Evótomys glareolus*, Schreber), 6 Souris des bois, 13 Rats gris (*Mus norvegicus*, Exrleben) et 11 fois des débris de 13 *Murinæ* et *Microtinæ*, lesquels nous n'avons pu déterminer exactement. Au total 126 petits Rongeurs nuisibles dans 36 tubes digestifs de Buses vulgaires. Chez une seule Buse, nous avons trouvé par exemple 10 Campagnols vulgaires presque instacts et, chez une autre, 6 Campagnols vulgaires à côté de 2 Souris des bois et de débris d'un Rat gris. Dans l'estomac d'une femelle de Buse, nous avons recueilli des débris de 7 Campagnols amphibies et de 2 Rats gris à côté de grandes écailles de Poissons (*Cyprinidæ ?*). Un mâle renfermait 1 Campagnol (*Microtus* spec?) et une Grenouille (*Rana ? esculenta*, L.). Un autre mâle avait avalé 5 Campagnols vulgaires, 1 Campagnol amphibie et 1 Orvet (*Anguis fragilis*, L.). Une Buse avait mangé un Ecureuil commun (*Sciurus vulgaris*, L.) et une espèce de Chauve-souris (*Vespertilionidæ*). Le dernier avait avalé un Loir vulgaire (*Glis glis* [L.]). Les Insectes ne sont pas nombreux cette fois. Ils sont représentés par 12 larves de Zabres bossus, 26 larves de Hannetons, 3 chenilles de Noctuelles (*Noctuæ*) et des débris de larves d'autres Insectes.

41 Buses vulgaires tuées pendant le mois d'octobre avaient mangé au total 142 petits Rongeurs, 1 Ecureuil, 1 Loir, 1 Chauve-souris, 1 Orvet, 1 Grenouille, 1 Poisson et quelques Insectes. Parmi les Buses ci-dessus nommées, il se trouve aussi 14 Buses tuées le 10 et le 18 octobre 1926, dans un grand canton forestier bien connu pour le grand élevage du gibier (Faisans, Lièvres, Chevreuils, Daims) et pour la Pisciculture très développée dans les étangs où abondent non seulement les Poissons, mais aussi les Oiseaux aquatiques et surtout les Canards sauvages. Nous n'avons pu constater dans leur tube digestif que la pré-

sence de petits Rongeurs, d'un Ecureuil et, une seule fois, des écailles de Poisson.

Dans l'appareil digestif de 14 Buses tuées au mois de *novembre*, nous avons trouvé 10 fois des Campagnols vulgaires, une fois une Taupe commune (*Talpa europœa*, L.); 1 Campagnol amphibie, et une fois, un Lièvre adulte. Dans l'appareil digestif d'une Buse, nous n'avons rencontré que quelques poils; dans un autre, nous avons trouvé, avec quelques poils, un morceau de tégument d'une larve d'Insecte et une aiguille d'Epicea. Nous avons constaté au total 40 Campagnols vulgaires, 1 Campagnol amphibie, 1 Taupe commune, 1 Lièvre et 1 larve d'Insecte.

Dans l'appareil digestif de 18 Buses vulgaires tuées au mois de *décembre*, nous avons constaté 10 fois des Campagnols vulgaires et de leurs débris; au total 47 Campagnols. Dans l'estomac de 3 Buses, nous avons trouvé aussi des larves de Zabres bossus (10, 10 et 4 dans un estomac) et des chenilles de Noctuelle (*Agrotis ? segetum*, Schiff. [4, 3 et 12 dans un estomac]). Ces appareils renfermaient aussi des Campagnols vulgaires ou des débris de Campagnols, des fragments de feuilles de Blé et un peu de sable. Dans l'estomac d'une Buse nous avons recueilli des débris d'un Campagnol vulgaire et d'une Perdrix grise. Chez 2 Buses, nous n'avons trouvé que des débris de 2 Perdrix grises (*Perdix perdix* [L.]). L'appareil digestif d'une femelle de Buse tuée dans une faisanderie, renfermait des plumages d'un grand Oiseau noir, Corbeau ou Pigeon noir, à ce que nous croyons. L'œsophage et l'estomac d'un mâle de Buse renfermaient les restes de 4 Campagnols (*Microtus arvalis* [Pall.] et *M.* spec?) et d'un Lièvre adulte. Parmi ces 18 Buses, 15 avaient avalé 55 Campagnols, 3 avaient mangé aussi des larves d'Insectes, et 3 Perdrix grises. Une Buse avait avalé 1 Oiseau différent, et une autre Buse, 1 Lièvre.

L'appareil digestif de 214 Buses vulgaires que nous avons disséquées, renfermait la nourriture suivante : 661 petits Rongeurs, notamment des Campagnols, Souris et Rats (*Microtinœ* et *Murinœ*) qui furent avalés par 192 Buses vulgaires (80 % de toutes les Buses disséquées), ensuite 2 Hamsters (*Cricetus cricetus* [L.]) avalés par 2 Buses, 1 Spermophile (*Citellus citellus* [L.]) avalé par 1 Buse, 5 Ecureuils communs (*Sciurus vulgaris*, L.) capturés par 5 Buses, et 1 Loir (*Glis glis* [L.]). Au total 670 Rongeurs nuisibles.

De nombreux Insectes variés furent trouvés dans l'appareil digestif de 81 Buses tuées au cours de l'année; dans certains nous avons constaté aussi la présence de Mollusques (*Limax, Arion*).

Quinze Musaraignes (*Sorex araneus*, L. et *Sorex* spec?) furent capturées par 11 Buses, et 6 Taupes communes (*Talpa europœa*, L.) par 6 Buses. Une Buse mangea aussi une Chauve-Souris (*Vespertilionidœ*), 4 autres 4 Batraciens anoures (*Anura*). Dans trois appareils digestifs, nous avons rencontré 6 Lézards (*Lacerta* spec?), dans un autre appareil, un Serpent (*Ophidia*) et dans un autre, des fragments d'un Orvet (*Anguis fragilis*, L.). Une Buse avala aussi 2 Salamandres tachetées (*Salamandra maculosa,*

Laur.) et dans l'estomac d'une autre, nous avons trouvé quelques écailles de Poisson (*Cyprinidæ?*).

Le tube digestif de 10 Buses contenait 20 Oiseaux, parmi lesquels il y avait 5 Oiseaux adultes et 15 jeunes, volés peut-être dans les nids.

Du gibier fut rencontré dans l'appareil digestif de 16 Buses; 9 contenaient des Lièvres (*Lepus europœus*, Pall.; 6 Lièvres jeunes et 3 adultes) et les 7 autres, des Perdrix grises (*Perdix perdix* [L.]) et des Faisans (*Phasianus colchicus*, L. ; 5 adultes et 2 jeunes). Une Buse avait volé un petit Canardeau domestique et une autre avait mangé un Pigeon domestique.

En résumé, nous avons constaté dans l'appareil digestif de 214 Buses disséquées, la présence de 745 Vertébrés, dont 670 Rongeurs, parmi lesquels les petits Rongeurs nuisibles représentent 89,9 % de tous les Vertébrés constatés.

Considérant que les résultats de nos autopsies sont d'accord avec ceux de Rœrig, Chernel, Greschick et autres, nous tirons aussi les mêmes conclusions : la Buse vulgaire rend à l'agriculture et à la sylviculture des services beaucoup plus grands que les dégâts qu'elle occasionne parmi le gibier ou parmi les Oiseaux qui lui fournissent de temps en temps sa nourriture.

ARCHIBUSE PATTUE (*Archibuteo lagopus* [Gmel.])

L'Archibuse pattue n'est pas un Oiseau nicheur de notre Pays. Elle ne demeure chez nous que de novembre à avril, le temps d'émigration. A cause de cela, nous n'avons eu l'occasion d'analyser que le contenu de 89 appareils digestifs d'Archibuses tuées pendant les années 1922 jusqu'à 1927.

Pendant le mois d'*octobre*, nous avons analysé le contenu de 3 appareils digestifs d'Archibuses ; la première Buse avait avalé une Taupe commune (*Talpa europœa*, L.), la seconde, 4 Campagnols vulgaires (*Microtus arvalis* [Pall.]), 1 Orvet (*Anguis fragilis*, L.) et 1 Lièvre encore tout jeune (*Lepus europœus*, Pall.), et la troisième n'avait mangé que des petits Rongeurs nuisibles : 4 Campagnols vulgaires (*Microtus arvalis* [Pall.]) ; dans les pelotes stomacales il y avait encore des débris de 3 autres Campagnols (*Microtus* spec?) et d'une Souris (*Mus* spec?).

Parmi les 24 Archibuses tuées pendant le mois de *novembre*, 16 n'avaient dans leur tube digestif que des petits Rongeurs (*Microtinœ* et *Murinœ*) en tout 39 petits Rongeurs nuisibles. Dans les pelotes stomacales de ces mêmes appareils digestifs, nous avons trouvé encore des débris de 17 petits Rongeurs. En résumé, 56 petits Rongeurs, 4 Rats et 1 Hamster compris. Dans l'appareil digestif d'une Archibuse nous avons trouvé des débris d'une Taupe commune (*Talpa europœa*, L.) et, dans celui de 2 autres individus, des débris de 2 Lièvres adultes. Les autres 5 Archibuses, ne contenaient dans leur tube digestif que des débris nombreux et fortement macérés d'Insectes, par exemple : des peaux de chenilles de Noctuelles (*Agrotis* spec?) et des fragments de larves de Zabres bossus (*Zabrus gibbus*, F.).

Pendant le mois de *décembre*, nous avons disséqué 25 Archibuses. Nous avons constaté la présence de petits Rongeurs (Campagnols, Souris et Rats) dans l'appareil digestif de 15 Buses; nous avons rencontré des Campagnols terrestres dans 4 appareils et, dans un autre, 1 Campagnol amphibie. Au total 66 Rongeurs nuisibles. Par exemple, dans l'appareil d'une seule de ces Archibuses, nous avons trouvé 4 Campagnols vulgaires, 1 Campagnol terrestre, 1 Souris des bois, tous presque intacts encore, et des débris d'un Rat gris ; la pelote stomacale d'une Archibuse renfermait des débris d'un Batracien anoure (*Anura*). L'appareil de digestion de 5 Archibuses renfermait des restes de gibier : une fois les restes d'une Perdrix grise, deux fois des restes de Faisans(ces 2 Archibuses ont été tuées le même jour dans le même canton), une fois des plumes d'un grand Oiseau, que nous croyons être un Faisan, et une fois de la chair noire que nous croyons être celle d'un Chevreuil (*Capreolus capreolus* [L.]). Les 4 Archibuses n'avaient mangé que des chenilles de Noctuelles (*Noctuæ*). Dans l'estomac d'une de ces Archibuses, nous avons trouvé 16 peaux de chenilles macérées et 34 larves de Zabres bossus.

Pendant le mois de *janvier*, nous avons analysé l'appareil de digestion de 10 Archibuses. 7 Archibuses avaient mangé des Campagnols (*Microtus arvalis* [Pall.], *M. agrestis* [L.], *Evotomys glareolus*, Schreber, *Arvicola terrestris* [L.]) et des Souris et des Rats, en somme 33 petits Rongeurs. Une Archibuse avait capturé un Chardonneret élégant (*Carduelis carduelis* [L.]), une autre, une Perdrix (*Perdix perdix* [L.]) ou une femelle de Faisan (*Phasianus colchicus*, L.) et la troisième, un Lièvre commun (*Lepus europæus*, Pall.).

Dans l'œsophage et l'estomac de 17 Archibuses tuées pendant le mois de *février* des années ci-dessus nommées, nous avons trouvé 15 fois des petits Rongeurs nuisibles, surtout des Campagnols, une fois des débris d'un coq de Faisan et un Campagnol terrestre (*Arvicola terrestris* [L.]) et une autre fois, des débris d'une Perdrix grise. En somme, 61 petits Rongeurs (*Microtinæ*), un Faisan et une Perdrix. Un appareil renfermait 11 petits Rongeurs, parmi lesquels 4 étaient presque intacts et les autres plus ou moins macérés.

Dès le mois de *mars*, nous avons les analyses du contenu de 9 appareils digestifs. 6 Archibuses n'avaient mangé que des petits Rongeurs nuisibles (*Microtinæ* et *Murinæ*), soit 29 individus. Une seule Archibuse avait mangé 6 Campagnols vulgaires, une autre,

5 Campagnols, la troisième, 5 également, et la quatrième, 8. Un mâle d'Archibuse avait dans son appareil digestif les restes de 9 Campagnols vulgaires et d'une Souris (*Mus* spec?) à côté d'une Taupe commune. Celui d'une femelle d'Archibuse contenait 6 Campagnols vulgaires, 1 Campagnol amphibie et un tout jeune Lièvre. L'appareil digestif de la dernière Archibuse contenait des débris d'un petit Rongeur (*Arvicola* spec?) et quelques plumes, soit au total 47 petits Rongeurs, une Taupe, un Lièvre et un Oiseau.

L'estomac d'un mâle tué au mois d'*avril* renfermait une grosse boule formée de poils, d'os et de la chair de 6 Campagnols vulgaires.

Dans l'appareil digestif de 89 Archibuses pattues nous avons constaté 66 fois des petits Rongeurs (*Microtinæ* et *Murinæ*), une fois, 1 Hamster (*Cricetus cricetus* |L.]), en tout 241 Campagnols, Souris, Rats et 1 Hamster. 9 Archibuses ne renfermaient dans leur appareil digestif que des Insectes très nuisibles à nos cultures, tels que des larves de Zabres bossus (*Zabrus gibbus*, F.) et des chenilles de Noctuelles (*Noctuæ : Agrotinæ*). 3 Archibuses avaient aussi avalé chacune 1 Taupe commune (*Talpa europæa*, L.). Les Batraciens anoures (*Anura*), l'Orvet (*Anguis fragilis*, L.) et un Oiseau ne furent avalés qu'une fois, en somme, 1 Batracien anoure, 1 Orvet et 1 Oiseau (*Carduelis carduelis* [L.]).

Quant au gibier, nous l'avons constaté dans 13 appareils digestifs : 2 fois des petits Lièvres, 3 fois des Lièvres adultes, en tout 5 Lièvres communs (*Lepus europæus*, Pall.), 6 fois des Faisans et des Perdrix

(*Phasianus colchicus*, L., *Perdix perdix* [L.]), tous adultes, au total 6 Faisans et Perdrix et une fois de la chair de Chevreuil (*Capreolus capreolus* [L.]).

Il résulte de toutes ces analyses, que l'Archibuse pattue rend plus de services comme destructrice de Rongeurs et d'Insectes nuisibles, dans les champs et en forêt, qu'elle ne fait de mal au gibier et aux Oiseaux.

BONDRÉE APIVORE (*Pernis apivorus* [Linné])

La Bondrée apivore n'est pas très abondante chez nous, quoiqu'elle y martèle. Nous n'avons analysé que le contenu de 33 appareils digestifs de cette espèce.

Dans le mois de *mai*, nous avons examiné le tube digestif de 8 Bondrées et n'y avons trouvé que des Insectes variés et très nombreux; nous avons rencontré surtout des chenilles (par exemple : 639 chenilles poilues et non poilues de différentes espèces, dans un seul estomac), des téguments de larves d'Insectes, des débris de Hannetons quelquefois très nombreux (par exemple : 376 pygidiums dans un seul estomac) et des débris de différents autres Coléoptères. Parmi les chenilles, nous pouvons déterminer les espèces que voici : Tordeuses vertes (*Tortrix viridana*, L.), 4 fois, et 181 chenilles au maximum; Noctuelles piniperdes (*Panolis piniperda*, Panz.), 18 et 39 chenilles au maximum ; Nonne moine (*Liparis monacha*, L.), 9, 17 et 13 chenilles; Bombyce livrée (*Gastropacha neustria*, L.) ; Bombyce chrysorhée ou Cul-doré (*Arctornis chrysorrhœa*, Fuessl.) * ; Bom-

----

* *Porthesia chrysorrhœa*, L. a été divisé en *Leucoma phaor rhœa* Donovan (Cul - brun) et *Arctornis chrysorrhœa*, Fuessl. (Cul-doré). Voir *Novitates Zool. Lord Rothschild*, vol. 24, n° 2, 31 août 1917.

byce du Pin (*Gastropacha pini*, Ochsh.); différents
*Geometridæ, Tortricidæ, Liparidæ, Lasiocampidæ,
Noctuæ*, etc... Il y avait aussi différentes larves
de *Tenthredinidæ* que nous avons trouvées dans
5 appareils, quelquefois en assez grand nombre (26,
97, 111 larves). Parmi les Coléoptères, ce sont surtout
des Hannetons (*Melolontha vulgaris*, L. et *M. hippocastani*, F.) qui furent le plus souvent avalés par
les Bondrées. Nous avons constaté aussi la présence
des Coléoptères suivants : Hylobes (*Hylobius* spec?);
Curculionidæ, 8 fois; *Cerambycidæ*, 4 fois; *Carabidæ*,
5 fois et *Meloë proscarabeus*, L., 1 fois. Nous avons
trouvé aussi des débris d'autres Coléoptères, mais
tellement macérés que nous n'avons pu les déterminer
exactement.

La nourriture de 4 Bondrées tuées au mois de
juin ne diffère pas beaucoup de celle des Bondrées
disséquées en mai. Nous y avons trouvé des chenilles
de différentes espèces, des larves d'Hyménoptères, des
Hannetons e t divers autres Coléoptères. L'estomac
d'une femelle était plein de larves, de nymphes et
d'imagos de *Bombus terrestris*, L., et celui d'un
mâle était rempli de débris d'un nid de Guêpes
mélangés à des larves, des nymphes et des imagos de
Guêpes (*Vespa* spec?). Ces organes renfermaient aussi
des débris de Sauterelles (*Locustidæ*), 3 Taupes-
Grillons (*Gryllotalpa gryllotalpa* [L.]), des fragments
d'imagos de différentes espèces de *Curculionidæ*, par
exemple, 5 Hylobes du Pin (*Hylobius abietis*, L.),
des Elatères (*Elateridæ*) et d'autres Coléoptères.
M. FLEISCHER nous a déterminé les espèces suivantes :

3 *Agriotes ustulatus*, Schaller, 4 *Opatrum sabulosum*, L., 12 *Otiorrhynchus ovatus*, L. et des restes très nombreux de *Carabidæ*. Un estomac renfermait 4 imagos de Cantharide du Frêne (*Lytta vesicatoria*, L.), 11 Hannetons et aussi des grains de Fétuque (*Festuca? ovina*, L.). L'estomac d'une Bondrée tuée le 30 - 6 - 1926, renfermait des débris d'un petit Oiseau insectivore et ceux, très nombreux, de différents Insectes complètement macérés. Dans 2 appareils digestifs de Bondrées, nous avons constaté aussi des fragments de fruits que nous croyons être des cerises (Cerisier sauvage [?] *Cerasus avium*, Mœnch).

Un mâle tué à la fin du mois de *juillet* n'avait dans son estomac, que des débris de nombreuses chenilles et chrysalides de la Nonne moine (*Liparis monacha*, L.). Nous avons compté environ 400 chenilles.

Le contenu du tube digestif de 4 Bondrées tuées au mois d'*août*, se composait de débris de chenilles poilues et non poilues, de différentes autres larves, notamment de *Tenthredinidæ*, de chrysalides et de cocons de Lépidoptères et d'Hyménoptères, de Coléoptères, de Sauterelles et 2 Taupes-Grillons (*Gryllotalpa gryllotalpa* [L.]) adultes. Parmi les chenilles, nous avons trouvé, une fois, beaucoup de chenilles d'une espèce de *Mamestra* et, une autre fois, 28 chenilles de la Nonne moine (*Liparis monacha*, L.). Il y avait aussi des débris de chrysalides et des imagos de cette Nonne, ceux-ci très nombreux dans cet estomac. Parmi les Coléoptères, nous avons déterminé les espèces suivantes : la Rhagie chercheuse (*Rhagium inquisitor*, L.), 1 fois; *Phyllodecta vulgatissima*, L., dans 3 appareils digestifs et 80 au maximum; *Otior-rhynchus* spec? et *Hyster* spec?, 2 fois; *Coccinellidæ*, 3 fois; *Calosoma* spec?, 2 fois; nous avons trouvé aussi des larves nombreuses de *Chrysomelidæ*, à côté de quelques imagos, de larves et imagos de Guêpes (*Vespa* spec?) et de *Bombus* spec?. Un de ces esto- macs renfermait aussi des débris de Campagnols (*Microtinæ*) et un autre, des débris de pruneaux (*Prunus domestica*, L.).

Le contenu de l'appareil digestif de 2 Bondrées tuées pendant le mois de *septembre* était très forte- ment macéré; il se composait de débris de larves de différents Insectes, quelquefois très nombreux, par exemple, 300 larves de Diptère. Nous avons constaté aussi des fragments de *Vespa* spec?, de *Bombus* spec?, de *Formicidæ*, des débris d'imagos de Coléoptères, de larves d'Hyménoptères (*Tenthredinidæ*), des chenilles et des chrysalides d'un Lépidoptère diurne (*Pieridæ?*) et des débris de 8 Limaces ou Arions (*Limax? Arion?*). Dans un seul appareil, nous avons trouvé des restes fortement macérés de 300 larves (8 milli- mètres) d'un Diptère et, dans un autre, 13 chenilles macérées d'une Noctuelle (*Agrotis* spec?) avec 17 larves de Zabres bossus (*Zabrus gibbus*, F.). L'appa- reil digestif de 9 Bondrées renfermait 5 Campagnols vulgaires (*Microtus arvalis* [Pall.]), 2 Campagnols amphibies (*Arvicola amphibius* [L.]), des débris de 3 Souris (*Mus* spec?). Dans un autre appareil, nous avons trouvé une Taupe commune (*Talpa europœa*,

L.). Dans 10 appareils, nous avons trouvé aussi les Insectes suivants : 13 chenilles d'une Noctuelle (*Agrotis* spec?) ; 56 larves de Zabres bossus (*Zabrus gibbus*, F.) ; 31 larves de *Tenthredinidæ*; des débris de 9 Taupes-Grillons (*Gryllotalpa gryllotalpa* [L.]) ; des Sauterelles et des imagos de Coléoptères. Parmi les Coléoptères, différentes espèces de *Curculionidæ* et de petits *Carabidæ* étaient les plus nombreux. Nous avons constaté aussi, dans 10 appareils digestifs, des Limaces, des Arions, des Vitrines (*Vitrina* spec?) et des Escargots (*Helix* spec?) ; en tout, des débris d'environ 20 Mollusques. Dans l'appareil digestif de 2 Bondrées, nous avons trouvé aussi des fruits de Sorbier (*Sorbus* spec?) et de Prunier (*Prunus* spec?) mélangés à des débris d'Insectes.

L'appareil digestif des 33 Bondrées apivores que nous avons disséquées renfermait toujours de nombreux Insectes. Nous avons constaté aussi 10 fois des petits Rongeurs, soit 10 *Microtinæ* et *Murinæ*. Dans un appareil, nous avons constaté aussi une Taupe commune (*Talpa europæa*, L.) et, dans un autre, des débris d'un Oiseau. 12 appareils contenaient aussi des débris de Mollusques et 5 fois nous avons constaté des fruits.

Les Insectes, parmi lesquels nous avons constaté plusieurs fois des Taupes-Grillons, sont avalés par les Bondrées apivores pendant toute l'année. Ces Oiseaux dévorent également des Vertébrés pendant tout ce temps; mais l'examen des individus tués en septembre montre que les Mammifères fournissent la plus grande partie de la nourriture, lorsque les Insectes deviennent rares. Nous croyons que les Oiseaux sont mangés très rarement, sauf au printemps. C'est à cette époque que la Bondrée pille les nids, en prenant les œufs et les petits, et qu'elle capture même les parents. La Bondrée apivore est un Oiseau de proie plus insectivore que carnivore; à l'occasion, elle est même fructivore.

FAUCON PÈLERIN (*Falco peregrinus*, Tunstall)

Les Faucons pèlerins martèlent en Tchécoslovaquie, mais ils y sont assez rares *; en outre, bien qu'on proclame que cette espèce est nuisible aux autres Oiseaux et au gibier, des efforts sont faits pour le protéger, surtout à l'époque du martelage. Dans certains cantons forestiers, cet animal est protégé par les forestiers. Nous avons analysé le contenu de l'appareil digestif de 17 Faucons pèlerins.

Deux Faucons tués au mois de *janvier* contenaient dans leur appareil digestif, des débris d'une Perdrix grise (*Perdix perdix* [L.]) et ceux d'un Canard sauvage (*Anas boschas*, L.).

Un mâle de Faucon pèlerin tué au mois de *février* avait mangé deux Pinsons ordinaires (*Fringilla cælebs* [L.] ♂♂), que nous avons rencontrés presque intacts à côté de débris de deux autres petits Oiseaux; nous croyons que ces deux derniers étaient des Mésanges (*Parus* spec?). Un second mâle tué en février ne possédait dans son appareil digestif que de grands morceaux de chair et quelques plumes d'un grand Oiseau. Nous en concluons que ces plumes sont celles d'un Faisan (*Phasianus colchicus*, L.).

---

* Cet Oiseau, appelé « *Sokol* » en tchèque et en slovaque, est l'emblème des sociétés d'éducation physique et morale connues sous ce nom.

Une femelle tuée au mois de *mars* avait pris une Perdrix grise (*Perdix perdix* [L.]). Un mâle tué pendant le même mois avait attrapé un Geai ordinaire (*Garrulus glandarius* [L.]). Une Pie ordinaire (*Pica pica* [L.]) avait été la proie d'un troisième Faucon pèlerin.

Chez 6 Faucons pèlerins tués aux mois d'*avril, mai, juin, juillet, août* et *septembre,* nous avons trouvé la nourriture suivante : 1° 2 Merles noirs (*Turdus merula,* L.) ; 2° 1 Pigeon domestique (*Columba livia,* Bonnat, v., *domestica*) ; 3° quelques plumes blanches d'un grand Oiseau et des débris de deux petits Oiseaux granivores ; 4° des débris d'un Geai ordinaire (*Garrulus glandarius* [L.]) et 1 petit poulet de Faisan ou de Perdrix (*Phasianus? Perdix?*) ; 5° 1 grand Oiseau noir que nous croyons être un Corbeau (*Corvus* spec?) ; 6° des plumages grisâtres, des fragments d'os parmi lesquels il y avait aussi des débris d'un Campagnol (*Mocritus* spec ?) [fragments du crâne, des mâchoires et d'une patte].

Dans l'estomac d'un Faucon pèlerin tué au mois d'*octobre* nous avons trouvé les restes d'un Pigeon domestique blanc et noir et, dans l'estomac d'un autre individu, nous avons reconnu un Campagnol vulgaire (*Microtus arvalis* [Pall.]) et des débris d'un petit Oiseau.

L'estomac d'un Faucon pèlerin tué au mois de *novembre* ne renfermait qu'un peu de plumes ; dans l'estomac d'un autre, tué au mois de *décembre,* nous n'avons pu reconnaître que des morceaux de chair et quelques plumes.

5

L'appareil digestif de 17 Faucons pèlerins disséqués renfermait 24 Oiseaux, que voici : 2 Merles noirs (*Turdus merula*, L.) ; 2 Pinsons ordinaires (*Fringilla cœlebs* [L.]) ; 2 Geais ordinaires (*Garrulus glandarius* [L.]) ; 1 Pie ordinaire (*Pica pica* [L.]) ; 1 Corbeau (*Corvus* spec?) ; 2 Pigeons domestiques (*Columba livia*, Bonnat. v., *domestica*) ; 3 Perdrix grises (*Perdix perdix* [L.] ; 2 adultes et 1 toute petite qui n'avait pas encore volé) ; 1 Faisan colchique (*Phasianus colchicus*, L.) ; 1 Canard sauvage (*Anas boschas*, L.) ; et 9 autres Oiseaux que nous n'avons pu déterminer exactement. Les Oiseaux trouvés dans l'appareil digestif de ces 17 Faucons représentent 93 % de tous les Vertébrés qui ont été mangés par ces Oiseaux.

Dans l'appareil de 2 Faucons pèlerins, nous avons constaté aussi des Campagnols (*Microtus arvalis* [Pall.] et *Microtus* spec?).

Ce sont les Oiseaux qui forment la nourriture principale du Faucon pèlerin, quoique celui-ci chasse aussi d'autres Vertébrés, par exemple les Campagnols (*Microtinœ*). La présence de Campagnols et même de petit Perdreau qui ne vole pas encore, constatée dans l'appareil digestif de 3 individus, montre que le Faucon pèlerin peut parfois prendre sa nourriture parmi les Animaux qui se déplacent sur le sol (voir aussi PALLIARDI, 1852, NAGY [voir KNÉZOUREK, 1910], BROCCHI, 1886), quoiqu'il préfère chercher sa proie parmi les Oiseaux qui volent.

FAUCON HOBEREAU (*Falco subbuteo*, Linné)

Le Faucon hobereau est peu répandu chez nous comme Oiseau martelant. Il vient dans nos Pays au mois d'avril et il nous abandonne aux mois de septembre ou d'octobre. Nous avons analysé le contenu de 49 appareils digestifs appartenant à cette espèce.

Dix Faucons hobereaux tués au mois d'*avril* contenaient dans leur tube digestif la nourriture suivante : 3 Campagnols vulgaires (*Microtus arvalis* [Pall.]) ; 1 Campagnol amphibie (*Arvicola amphibius* [L.]) ; et des débris de 3 autres Campagnols (*Microtinæ*) à côté de débris de 7 petits Oiseaux que nous ne pouvons déterminer exactement (*Alauda? Galerida ?*) et parmi de petits grains de plantes non cultivées provenant certainement d'appareils digestifs d'Oiseaux avalés.

Parmi 10 Faucons hobereaux tués au mois de *mai*, 7 n'avaient mangé que des Oiseaux : 1 Alouette des champs (*Alauda arvensis*, L.) ; 2 Cochevis huppés (*Galerida cristata* [L.]) ; 2 Bruants (*Emberiza* spec?) ; 1 Moineau (*Passer* spec?) ; et 1 petit Oiseau que nous n'avons pu déterminer exactement. 1 Faucon hobereau avait pris 1 Souris des bois (*Mus sylvaticus*, L.), 1 Lézard (*Lacerta* spec?) et des Insectes assez nombreux, représentés surtout par des Coléoptères. Les 2 autres Faucons hobereaux n'avaient dans leur estomac que de nombreux Insectes. Nous avons pu observer des fragments de 13 Hannetons non déterminés, assez macérés, et 26 pygidiums de Hannetons (*Melolontha vulgaris*, L.), des fragments de 5 Hyboles (*Hylobius* spec?), que nous croyons être des Hylobes du Pin (*H. abietis*, L.), des fragments de 3 Capricornes (*Cerambicydœ*), d'un Cerf-volant (*Lucanus cervus*, L.) et de 3 *Meloë proscarabeus*, L., à côté de débris d'autres Coléoptères, parmi lesquels différents *Carabidœ* étaient assez nombreux. Mais nous avons constaté aussi des chenilles diverses dans le tube digestif de ces Faucons hobereaux; par exemple, dans un seul estomac, nous avons compté 75 têtes de chenilles.

En *juin*, nous avons fait des autopsies de 3 Faucons hobereaux; 1 mâle avait mangé 1 Campagnol vulgaire (*Microtus arvalis* [Pall]), 1 Moineau (*Passer* spec?) et des Coléoptères. Les fragments des Coléoptères étaient déjà très macérés. Dans l'estomac d'une femelle, nous n'avons trouvé que des débris de Hannetons (*Melolontha vulgaris*, L. et *M. hippocastani*, F., 36 pygidiums) et 24 peaux de chenilles fortement macérées (*Bombycidœ*). Le mâle tué dans le même canton forestier au moment d'une inondation, avait dans son appareil digestif des fragments d'Insectes aquatiques et des débris de 2 Oiseaux.

Durant le mois d'*août*, nous avons examiné 3 appareils digestifs de Faucons hobereaux. Un mâle adulte renfermait des débris de 5 petits jeunes Oiseaux nus, des peaux poilues de 6 chenilles, des débris de Sauterelles (*Locustidœ*) et d'autres restes de chitine. Un autre jeune mâle avait mangé un Merle noir (*Turdus merula*, L.) et un autre Oiseau plus petit, que nous ne pouvons déterminer exactement. Dans l'estomac d'une femelle, nous avons trouvé des débris fortement macérés d'un petit Rongeur que nous croyons être une espèce de Souris (*Mus* spec?), des débris d'un Oiseau et des restes de chitine de Coléoptères macérés.

Dans l'appareil digestif de 9 Faucons hobereaux tués durant le mois de *septembre*, nous avons constaté 9 fois des débris d'Oiseaux (des plumes et quelques fragments d'os) dont nous n'avons pu déterminer exactement l'espèce, excepté une Hirondelle rustique (*Chelidon rustica* [L.]) et des débris d'un Campagnol (*Microtinæ*) à côté de quelques fragments d'Insectes.

L'appareil digestif de 12 Faucons hobereaux tués au mois d'*octobre* comprenait 9 fois des Oiseaux, 3 fois des fragments d'Insectes (Coléoptères et peaux de chenilles poilues et non poilues) et 1 fois des débris d'un Campagnol (*Microtinæ*), des plumes d'Oiseaux et des débris de Sauterelles (*Locustidæ*) avec leurs œufs, et 2 fois rien que des Insectes. Quant aux Insectes, c'étaient surtout des imagos de *Dystiscus marginalis,* L. (par exemple, des fragments de 13 *Dystiscus* dans un seul estomac), de *Geotrupidæ* divers et des débris d'autres Coléoptères. Ces 2 derniers Faucons avaient aussi mangé des chenilles poilues et non poilues, des larves d'Hyménoptères (*Tenthredinidæ*). Parmi les Oiseaux capturés par ces Faucons, nous n'avons pu déterminer que les espèces suivantes : 2 Étourneaux vulgaires (*Sturnus vulgaris*, L.) ; 1 Perdrix grise (*Perdix perdix* [L.]) ; 1 Alouette des champs (*Alauda arvensis*, L.) ; et 1 Bergeronnette (*Motacilla* spec?).

Nous n'avons trouvé que des Oiseaux dans l'appareil digestif de 2 Faucons tués au commencement du mois de *novembre*. L'estomac du premier contenait un Cochevis huppé (*Galerida cristata* [L.]) ; le second, des débris fortement macérés d'un Oiseau que nous n'avons pu déterminer exactement.

Quarante-neuf Faucons hobereaux disséqués renfermaient dans leur appareil digestif 59 Vertébrés, parmi lesquels se trouvaient 47 Oiseaux, y compris une couvée de 5 petits, 12 petits Rongeurs (*Microtinæ et Murinæ*) et 1 Lézard (*Lacerta* spec?). Parmi les Oiseaux, nous avons déterminé 1 Merle noir (*Turdus merula*, L.), 1 Bergeronnette ou Hochequeue (*Motacilla* spec?), 2 Alouettes des champs (*Alauda arvensis*, L.), 3 Cochevis huppés (*Galerida cristata* [L.]), 2 Bruants (*Emberiza* spec?), 2 Moineaux (*Passer* spec ?), 2 Etourneaux vulgaires (*Sturnus vulgaris*, L.), 1 Hirondelle rustique (*Chelidon rustica* [L.]), 1 Perdrix grise (*Perdix perdix* [L.]), 1 couvée de 5 Oiseaux et des débris de 26 autres petits Oiseaux que nous n'avons pu déterminer exactement. La plupart de ces derniers sont des granivores, car nous avons rencontré des petits grains dans le tube digestif des Faucons hobereaux qui avaient mangé ces derniers Oiseaux. 15 appareils digestifs renfermaient aussi des Insectes, quelquefois très nombreux. Dans 5 appareils, nous n'avons constaté que des Insectes volants, des Insectes rampants et des Insectes grimpeurs. A cause de cela nous croyons que le Faucon hobereau est un assez grand insectivore.

FAUCON EMERILLON (*Falco œsalon*, Tunstall)

———

Cet Oiseau, qui vit dans les Pays du nord, ne vient chez nous que comme Oiseau de passage.

Nous avons analysé le contenu de l'appareil digestif de 2 individus tués au mois de *janvier* et au mois de *mai* 1926. Dans les 2 appareils, nous avons trouvé 3 petits Oiseaux. Nous avons trouvé aussi dans l'un, des fragments chitineux d'Insectes (Coléoptères ?). Les 3 Oiseaux mangés par les Faucons émerillons étaient les suivants : 1 Bruant (*Emberiza* spec?); 1 Mésange (*Parus* spec?); et 1 Moineau (*Passer* spec?). Quant aux Insectes, nous n'avons pu les déterminer exactement, car ils étaient fortement macérés.

———

FAUCON CRÉSSERELLE

(Tinnunculus tinnunculus, Linné)

Le Faucon crésserelle est un Oiseau commun dans notre Pays. Nous avons analysé le contenu de 113 appareils digestifs provenant de cette espèce.

L'estomac de 2 Faucons crésserelles tués au mois de *janvier* renfermait 2 Campagnols vulgaires (*Microtus arvalis* [Pall.]).

Le Faucon crésserelle tué au mois de *février* renfermait, dans son appareil digestif, 2 Campagnols vulgaires (*Microtus arvalis* [Pall.]), 1 Campagnol terrestre (*Arvicola terrestris* [L.]) et une pelote dans laquelle nous avons trouvé des débris de 2 Campagnols vulgaires et d'une Souris (*Mus* spec?).

Dans l'estomac de 3 Faucons crésserelles tués au mois de *mars*, nous avons trouvé 2 fois des débris de Campagnols vulgaires (*Microtus arvalis* [Pall.]), 1 fois des débris d'un Campagnol terrestre (*Arvicola terrestris* [L.]), soit 3 Campagnols et de nombreux débris de larves de Zabres bossus (*Zabrus gibbus,* F.).

Les Faucons crésserelles tués au mois d'*avril* sont les plus nombreux (36 en tout). Le contenu de l'appareil digestif de 15 d'entre eux ne renfermait que des petits Rongeurs (*Microtinœ* et *Murinœ*). 7 Faucons crésserelles avaient mangé différents Insectes et des petits Rongeurs; 8 n'avaient avalé que des Insectes; 4 avaient attrapé de nombreux Insectes et 4 Lézards (*Lacerta* spec?); 1 individu avait mangé des Insectes et 1 Orvet (*Anguis fragilis*, L.); et l'estomac d'un autre Faucon crésserelle renfermait de la viande de couleur blanchâtre, des fragments d'os et des poils d'un grand Mammifère, que nous croyons être un Lapin de garenne (*Oryctolagus cuniculus* [L.]).

En résumé, nous avons trouvé dans l'estomac de 36 Faucons crésserelles : 22 Campagnols vulgaires (*Microtus arvalis* [Pall.]); 4 Campagnols terrestres (*Arvicola terrestris* [L.]); 3 Souris des bois (*Mus sylvaticus*, L.); 4 Lézards (*Lacerta* spec?); 1 Orvet (*Anguis fragilis*, L.); 1 fois des débris d'un Lapin (*Oryctolagus cuniculus* [L.]); en outre, une grande quantité d'Insectes a été rencontrée dans l'appareil digestif de 20 individus.

Parmi les Insectes trouvés, nous avons pu reconnaître : des larves, quelquefois très nombreuses, de Zabres bossus (*Zabrus gibbus*, F.); des Vers-fils-de-fer (*Elateridœ*); des larves de Hannetons (*Melolontha* spec ?); des larves de Tipulides et de Pachyrhines (*Pachyrrhina* spec?) quelquefois très nombreuses; des chenilles de différentes Noctuelles (*Noctuœ*), dont celles de la Noctuelle des Moissons (*Agrotis segetum*, Schiff.) et autres *Agrotidœ*, des chenilles *Bombycidœ* (par exemple, de *Gastropacha? pini*, Ochsh.) et de nombreux fragments de chenilles poilues et nues; des larves d'Hyménoptères (*Tenthredinidæ*), des imagos de Coléoptères et des fragments d'imagos de différents Coléoptères. Parmi les Coléoptères, nous avons déterminé des Hannetons (*Melolontha vulgaris*, L. et *M. hippocastani*, F.), que nous avons trouvés en grande quantité (par exemple, des débris de 30, 60 Hannetons dans un seul estomac), 3 fois des Hannetons foulons (*Polyphylla fullo*, L.), des fragments de *Cleonus* (*Bothynoderes*, 10 fois), de Hylobes (*Hylobius* spec?, 9 fois), d'Otiorhynques (*Otiorrhynchus* spec?) et des autres espèces de *Curculionidæ*, 14 fois, 4 fois des débris de *Geotrupes* spec. diff. et plusieurs fois des débris de différents *Carabidæ* (par exemple, *Calosoma* spec?, *Carabus* spec. diff., *Harpalus* spec. diff., etc...). Il y avait aussi des Sauterelles (*Locustidæ*) constatées, des Taupes-Grillons (*Gryllotalpa gryllotalpa* [L.]) trouvées 3 fois, 5 fois des débris de Julides (*Schizophyllum* spec?) et 4 fois des Mollusques fortement macérés (*Arion? Limax?*).

Le contenu de l'appareil digestif de 15 Faucons crésserelles tués au mois de *mai* ne se distingue pas beaucoup de celui des Faucons tués au mois d'avril. 5 d'entre eux avaient mangé 11 petits Rongeurs (5 *Microtus arvalis* [Pall.], 1 *Arvicola terrestris* [L.], 3 *Microtinæ* et 2 *Mus* spec?); 6 avaient capturé 6 Lézards (*Lacerta* spec?) et tous les 15 Faucons avaient mangé des Insectes et des Arthropodes principalement. Nous avons constaté, par exemple, des larves de Zabres bossus (*Zabrus gibbus*, F.) dans 8 appareils digestifs (26 larves au maximum), des larves des Elatères dans 4 appareils et, chez les 15 Oiseaux, nous avons trouvé de très nombreuses chenilles appartenant à des formes variées; nous avons pu déterminer les espèces suivantes : Bombyce livrée (*Gastropacha neustria*, L.), 5 fois ; Nonne moine (*Liparis monacha*, L.), Bombyce disparate (*Liparis dispar*, L.), Orgye (*Orgyia* spec?), 4 fois; *Geometridæ*, *Noctuæ*, *Agrotidæ* (par exemple, *Agrotis segetum*, Schiff. et *Agrotis* spec. diff.), 10 fois; *Gastropacha pini*, Ochsh., *Arctornis chrysorrhœa*, Fuessl., 3 fois; *Pieridæ*, *Vanessa spec?*, 5 fois; Tordeuse verte (*Tortrix viridana*, L.) et d'autres *Tortricidæ* plusieurs fois, à côté de débris d'autres chenilles très nombreuses. Les Hannetons (*Melolontha vulgaris*, L. et *M. hippocastani*, F.) furent rencontrés souvent et en très grand nombre dans l'estomac des Faucons crésserelles. Nous avons trouvé en très grand nombre aussi d'autres *Lamellicornia*, des *Chrysomellidæ* et divers *Curculionidæ* (*Hylobius abietis*, L. et *Hylobius* spec?, 9 fois; des *Pisodes* spec?, 5 fois; des *Cleonini*, 10 fois; *Otiorrhynchus* spec?, 2 fois, etc...). Il y avait également des débris de petits et grands Carabides (*Carabidæ*), que nous avons trouvés 9 fois et assez nombreux. Nous avons trouvé aussi des fragments de Cerambycidæ (*Cerambyx* spec?, *Saperda* spec?, *Tetropium* spec?) et, dans l'estomac d'un Faucon crésserelle tué en Slovaquie, des débris de *Rosalia alpina*, L., avec de nombreux Insectes et autres Arthropodes. Nous avons trouvé aussi, 5 fois, des débris de Taupes-Grillons (*Gryllotalpa gryllotalpa* [L.]) et des Grillons (*Acheta* [*Gryllus*]? *campestris*.

L.), et plusieurs fois, des débris de Sauterelles (*Locustidæ*). Dans 3 appareils digestifs, nous avons trouvé des débris de Mollusques fortement macérés, que nous croyons être des Limaces ou Arions.

Dans l'appareil digestif de 8 Faucons crésserelles tués pendant le mois de *juin*, nous avons constaté 8 fois des petits Rongeurs nuisibles, 1 Lézard (*Lacerta* spec?) et un jeune petit Oiseau insectivore; mais toute cette nourriture, nous l'avons toujours trouvée mélangée à de nombreux Insectes. Parmi les petits Rongeurs, nous avons reconnu 5 Campagnols vulgaires (*Microtus arvalis* [Pall.]), 3 Campagnols terrestres (*Arvicola terrestris* [L.]), 2 Souris des bois (*Mus sylvaticus*, L.) et des débris de 3 Campagnols (*Microtinæ*) et de 3 Souris (*Murinæ*), que nous ne pouvons déterminer plus exactement. Quant aux Insectes, nous avons observé à peu près les mêmes espèces que celles trouvées pendant le mois de mai suivant : des larves de *Tenthredinidæ* (*Tenthredo* spec? *Lyda* spec?), des chenilles poilues de différents *Sphingidæ*, *Liparidæ* (par exemple, *Liparis monacha*, L., trouvées dans 4 appareils, et 16 chenilles au maximum), des chenilles et des chrysalides de Tordeuses (*Tortricidæ*), des larves, des chrysalides et même des imagos de différentes Chrysomeles (*Chrysomellidæ*), des débris de *Geocoridæ*, des débris de Taupes-Grillons (*Gryllotalpa gryllotalpa* [L.]). Les Insectes ci-dessus nommés étaient les plus nombreux. Nous les avons rencontrés à côté de débris de *Curculionidæ* (*Hylobius* spec?, *Pisodes* spec?, *Otiorrhynchus* spec?, etc...), de *Cerambycidæ* (*Clytus* spec?, *Asemum* spec?, *Rhagium* spec?), de *Carabidœ* (surtout *Hister* spec. diff.), de *Geotru-pidœ*, de *Rhizotrogus* spec ? et d'une *Anisoplia austriaca*, Hbst. Nous avons observé aussi, une fois, des débris de Chilopodes, d'Oligochètes (*Lumbricus* spec?) et de Mollusques macérés (*Limacidœ*).

Parmi les 10 Faucons crésserelles tués pendant le mois de *juillet*, 5 Faucons avaient mangé des petits Rongeurs ; nous avons déterminé 5 Campagnols vulgaires (*Microtus arvalis* [Pall.]) ; dans l'estomac de 2 individus, nous n'avons trouvé que des Campagnols vulgaires ou leurs débris. Les 3 autres avaient mangé des Campagnols et des Insectes. Les 5 derniers Faucons cresserelles n'avaient mangé que des Insectes nombreux. Dans la nourriture composée. d'Insectes, nous avons constaté, 3. fois des chenilles assez nombreuses (20 et 36 individus) de Noctuelle piniperde (*Panolis piniperda*, Panz.), 1 fois, 31 grandes peaux fortement macérées provenant d'un grand Sphinx (*Sphingidœ*), 1 fois, des chenilles de la Nonne moine (*Liparis monacha*, L.), soit 41 chenilles. Il y avait aussi des chenilles de Noctuelles (*Hadena* spec? et *Agrotis* spec?) et des larves et des imagos de Casside nébuleuse (*Cassida nebulosa*, L.) et ceux de Sylphe (*Silpha obscura*, L.) [les derniers déterminés par M. FLEISCHER], et des débris de *Geocoridœ* différents, de Lépidoptères, de Grillons (*Acheta* [*Gryllus*] ? *campestris*, L), d'une Taupe - Grillon (*Gryllotalpa gryllotalpa* [L.]), d'une Forficule (*Forficula* spec?), de Sauterelles très nombreuses (*Locustidœ*) et une fois aussi, d'un *Dystiscus marginalis*, L., que nous avons constatés également.

Tous les appareils digestifs de 8 Faucons crésse-relles tués pendant le mois d'*août* renfermaient des petits Rongeurs ou leurs débris, et des Insectes. Nous avons trouvé 3 Campagnols vulgaires (*Microtus arvalis* [Pall.]), un Campagnol terrestre (*Arvicola terrestris* [L.]), une Souris (*Mus* spec ?) et des débris de Campagnols et de Souris (*Microtinæ* et *Murinæ*), soit 12 petits Rongeurs. Quant aux Insectes, nous avons déterminé les suivants : des chenilles de Noctuelle piniperde (*Panolis piniperda*, Panz.) et d'autres Noctuelles que nous n'avons pu déterminer plus exactement, des chenilles et des débris de chrysalides de la Nonne moine (*Liparis monacha*, L.), trouvés à côté d'autres chenilles poilues que nous n'avons pu déterminer avec plus de précision. Il y avait aussi des fragments nombreux de Sauterelles (*Locustidæ*) et d'un imago de Zabre bossu (*Zabrus gibbus*, F.).

La nourriture de 9 Faucons crésserelles, tués pendant le mois de *septembre*, se composait de petits Rongeurs et d'Insectes. Nous avons constaté 7 fois des Campagnols vulgaires (*Microtus arvalis* [Pall]), soit 13 Campagnols ; ensuite, nous avons trouvé 2 fois des Souris des bois (*Mus sylvaticus*, L.) ; cette nourriture était mélangée à des débris d'autres Campagnols et Souris (*Murinæ* et *Microtinæ*), au total 17 petits Rongeurs nuisibles. Nous avons reconnu parmi les Insectes : 46 larves d'une Tenthrède (*Tenthredo* spec?), trouvées dans un seul estomac ; puis des téguments de nombreuses chenilles poilues et non poilues (rencontrés assez souvent) et des débris de chrysalides et de Lépidoptères. Dans 4 estomacs, nous avons observé des larves de Zabre bossu (*Zabrus gibbus*, F.) ; nous avons compté 29 de ces larves dans un seul estomac. Nous avons trouvé assez souvent des fragments de Sauterelles (*Locustidœ*) et, dans un estomac, des fragments de Taupes-Grillons (*Gryllotalpa gryllotalpa* [L.]).

L'appareil digestif des 17 Faucons crésserelles tués pendant le mois *d'octobre* renfermait toujours des petits Rongeurs nuisibles ou leurs débris, au total 28 individus : 14 Campagnols vulgaires (*Microtus arvalis* [Pall.]) ; 4 Campagnols terrestres (*Arvicola terrestris* [L.] ; 3 Souris des bois (*Mus sylvaticus*, L.), à côté de débris de 7 autres Campagnols et Souris (*Microtinœ* et *Murinœ*) ,que nous n'avons pu déterminer plus exactement. Dans l'estomac d'un seul Faucon crésserelle, nous avons trouvé 4 Campagnols vulgaires et, dans celui d'un autre Faucon, 2 Souris des bois. Un Faucon crésserelle avait, dans son appareil digestif, des débris d'une Taupe commune (*Talpa europœa*, L.). Mais nous avons constaté aussi les Insectes suivants, formant la nourriture de ces 17 Faucons crésserelles : des larves de Zabres bossus (*Zabrus gibbus*, F.) et des chenilles de Noctuelles (*Agrotis* spec?) étaient les plus nombreuses; puis les Coléoptères suivants : *Geotrupes* spec?, *Necrophorus? vespillo*, L., Sylphés (*Silpha obscura*, L. et *Silpha* spec?), *Dytiscus marginalis*, L. (dans un estomac, des débris de 4 *Dytiscus*) et *Hydrophilus piceus*, L. (une fois, dans un autre estomac, 7 *Hydrophilus*); dans 10 appareils digestifs, nous avons trouvé des

Limaces grandes et petites, soit 18 à 20 et, une fois, 1 Lumbricide.

L'appareil digestif des 2 Faucons crésserelles tués au mois de *novembre* renfermait 2 Campagnols vulgaires (*Microtus arvalis* [Pall.]) encore presque intacts, et des débris et fragments, et 4 autres Campagnols (*Microtinæ*).

Deux Faucons crésserelles, tués au mois de *décembre*, avaient mangé 3 Campagnols vulgaires (*Microtus arvalis* [Pall.]).

Dans le tube digestif des 113 Faucons crésserelles disséqués, nous avons constaté la présence de 153 Vertébrés et de nombreux Insectes. Ces Vertébrés étaient des petits Rongeurs, que nous avons trouvés dans 84 appareils au nombre de 138; ils représentent plus de 90 % de tous les Vertébrés mangés par ces Faucons. Ensuite, 11 Lézards (*Lacerta* spec?), 1 Orvet (*Anguis fragilis*, L.), 1 tout jeune Oiseau, 1 Taupe commune (*Talpa europæa*, L.) et, une fois, des débris d'un Mammifère plus grand, que nous croyons être un Lapin de garenne (*Oryctolagus cuniculus* [L.]).

Quant aux Insectes, ils étaient très nombreux et variés et nous les avons rencontrés chez 88 Faucons. Parmi ces Insectes se trouvaient des formes pourvues de moyens de défense, par exemple, des chenilles de Bombyce chrysorhée (*Arctornis chrysorrhœa*, Fuessl., des larves et imagos de divers *Chrysomelidæ*, des *Meloë proscarabeus*, L. (voir CUÉNOT, 1896), des espèces à couleurs vives ou dégageant une odeur que l'Homme trouve mauvaise, par exemple, quelques *Geocoridæ* (voir Heikertinger, 1922, 1924).

Il y avait aussi des Mollusques, constatés dans 21 estomacs de Faucons crésserelles, et quelquefois assez nombreux.

Dans notre Pays, le Faucon crésserelle est donc surtout un grand destructeur de petits Rongeurs et d'Insectes nuisibles, bien qu'il capture aussi parfois quelques autres Animaux utiles.

FAUCON CRESSERINE

(*Tinnunculus cenchris*, Naumann)

et

FAUCON KOBEZ (*Erythropus vespertinus*, Linné)

———

Un Faucon cresserine, tué au mois d'*août* 1922, avait mangé 1 Lézard (*Lacerta* spec?) et de nombreux Insectes, dont nous n'avons trouvé que des fragments fortement macérés ; nous avons pu constater que c'étaient des restes de chenilles non poilues, des débris des imagos de Lépidoptères et Hyménoptères.

Un Faucon Kobez, tué au mois de *mai*, renfermait dans son appareil digestif la peau d'une chenille de Noctuelle (*Noctuæ*) et une grande quantité de fragments de Hannetons communs (*Melolontha vulgaris*, L.), dont 126 pygidiums.

———

AUTOUR ORDINAIRE (*Astur palumbarius* [Linné])

L'Autour ordinaire n'est pas très répandu chez nous. Plusieurs cantons forestiers protègent cet Oiseau afin qu'il ne disparaisse pas complètement. Nous avons disséqué 38 individus.

Un Autour ordinaire, tué pendant le mois de *janvier*, avait mangé 1 Faisan colchique (*Phasianus colchicus*, L.) et un autre avait capturé 1 Ecureuil commun (*Sciurus vulgaris*, L.).

Dans le tube digestif de 3 individus tués pendant le mois de *février*, nous n'avons trouvé que des Oiseaux ou des débris d'Oiseaux : un Merle noir (*Turdus merula*, L.), un Corbeau (*Corvus* spec?) et des débris de 2 petits Oiseaux que nous n'avons pu déterminer plus exactement.

Dans l'appareil digestif de 5 Autours tués pendant le mois de *mars*, nous avons constaté : 2 Campagnols vulgaires (*Microtus arvalis* [Pall.]); 1 Campagnol amphibie (*Arvicola amphibius* [L.]), tous les trois dans le même estomac; dans 2 autres estomacs nous avons trouvé 2 Ecureuils communs (*Sciurus vulgaris*, L.), et dans les 2 derniers estomacs, 1 Lièvre commun

(*Lepus europœus*, Pall.) et 1 Geai ordinaire (*Garrulus glandarius* [L.]).

Dans l'appareil digestif de 5 Autours ordinaires tués au mois d'*avril*, dans différentes parties de notre Pays, nous avons trouvé 4 fois des débris d'Oiseaux (2 Oiseaux de petite taille et 2 plus grands, approchant du Corbeau choucas [*Colœus monedula*, L.] ou du Geai ordinaire [*Garrulus glandarius* (L.)]); dans un autre estomac, nous avons trouvé 2 très jeunes Lièvres (*Lepus europœus*, Pall.).

L'appareil digestif de 4 Autours ordinaires tués au mois de *mai* contenait, 1 Pie ordinaire (*Pica pica* [L.]), 1 Bruant (*Emberiza* spec?), une fois rien que quelques plumes et poils et, une autre fois, 1 Ecureuil commun au poil blanchâtre (*Sciurus vulgaris*, L.).

Parmi 3 Autours ordinaires tués pendant le mois de *juin*, un avait mangé 1 Perdrix grise (*Perdix perdix* [L.]), un autre avait attrapé 1 très jeune Lièvre (*Lepus europœus*, Pall.) et 1 Campagnol (*Microtus* spec?); le troisième avait pillé la couvée d'un Merle; nous avons trouvé, dans son estomac, 5 jeunes Oiseaux emplumés (*Turdus* spec?).

Un seul Autour ordinaire, tué au mois de *juillet*, avait capturé 1 Belette commune (*Putorius* [*Ictis*] *nivalis vulgaris*, Erxleben) et 1 Ecureuil commun (*Sciurus vulgaris*, L.); de ce dernier il ne restait que quelques débris.

Pour le mois d'*août*, nous sommes en possession des analyses du contenu de l'appareil digestif de 4 Autours ordinaires. Deux Autours (un adulte et un jeune) avaient capturé 2 Perdrix grises (*Perdix perdix* [L.]) et 1 Mammifère que nous ne pouvons déterminer plus exactement. Dans l'estomac d'un troisième, nous avons trouvé 3 Campagnols vulgaires (*Microtus arvalis* [Pall.]) et, dans celui du quatrième, nous n'avons trouvé que des fragments d'os et des restes de chair, soit d'un Lapin, soit d'un Lièvre (*Leporidæ*).

Un Autour ordinaire, tué dans le mois de *septembre*, avait pris 1 Lièvre adulte (*Lepus europæus*, Pall.) et un deuxième renfermait dans son appareil digestif, quelques plumes, un peu de chair d'Oiseau, un grain d'Avoine (*Avena sativa*, L.), deux grains de Blé (*Triticum*) et quatre morceaux de feuilles vertes d'une Herbacée. Son appareil contenait aussi quelques cailloux et du sable. Nous devons faire remarquer que ce dernier Autour n'avait qu'une seule patte; sa blessure était déjà bien guérie.

L'appareil digestif de 2 Autours ordinaires, tués au mois d'*octobre*, renfermait quelques débris de 2 Oiseaux (un petit Oiseau et un autre plus grand) et 1 grande chenille poilue assez macérée.

Un Autour ordinaire, tué au mois de *novembre*, avait mangé 1 Merle noir (*Turdus merula*, L.) et 1 Ecureuil commun (*Sciurus vulgaris*, L.).

En *décembre*, nous avons analysé le contenu de l'appareil digestif de 6 Autours ordinaires. Quatre de ces Autours avaient capturé des Oiseaux : 1 Perdrix grise (*Perdix perdix* [L.]) ; 3 Corbeaux (*Corvus*, spec. dif.). L'appareil digestif du cinquième Autour était complètement rempli de chair noire et de poils; nous croyons qu'il avait dû manger du Chevreuil (*Capreolus capreolus* [L.]). L'estomac du sixième contenait un Ecureuil commun (*Sciurus vulgaris*, L.) et quelques plumes d'Oiseau.

Les tubes digestifs de 38 Autours ordinaires renfermaient 28 Oiseaux, 22 Mammifères, 1 grande chenille poilue et un peu de nourriture végétale.

Les Oiseaux rencontrés sont : 2 Merles noirs (*Turdus merula*, L.), 1 Bruant (*Emberiza* sepc?), 1 Geai ordinaire (*Garrulus glandarius* [L.]), 1 Pie ordinaire (*Pica pica* [L.]), 4 Corbeaux (*Corvus* spec. dif.), 3 Perdrix grises (*Perdix perdix* [L.]), 1 Faisan colchique (*Phasianus colchicus*, L.) et 15 Oiseaux que nous n'avons pu déterminer exactement (5 Oiseaux de petite taille, 5 Oiseaux plus grands dont les débris paraissaient être ceux d'un Corbeau, et une couvée de 5 petits.

Les Mammifères étaient représentés par 7 Campagnols (*Microtus arvalis* [Pall.], *Arvicola amphibius* [L.], et *Microtus* spec.), 7 Ecureuils communs (*Sciurus vulgaris*, L.), 4 Lièvres communs (*Lepus europaeus*, Pall.; 2 adultes et 2 jeunes), une fois soit un Lièvre soit un Lapin (*Leporidæ*) et une Belette commune (*Putorius* [*Ictis*] *nivalis vulgaris*, Erxleben). Dans un autre estomac, nous avons trouvé des débris d'un Chevreuil (*Capreolus capreolus* [L.]) et un Mammifère que nous ne pouvons déterminer exactement. Le Chevreuil devait être mort, ou très affaibli, car l'Autour n'est pas capable de le tuer.

Un estomac contenait aussi une chenille, et celui d'un Autour malade un peu de nourriture végétale et du sable; l'absorption de la nourriture végétale doit être due à l'état d'invalidité de l'Autour, car cet Oiseau est un véritable carnassier. La présence de chenilles dans le tube digestif de l'autre individu est assez intéressante, et nous ne nous rappelons pas qu'elle ait été déjà constatée. A part ces deux constatations, le résultat de nos analyses ne diffère pas de celui qui a été obtenu par les auteurs cités; nous nous trouvons d'accord avec ECKSTEIN et LŒWIS (l. c.), quand le premier dit que l'Autour est un grand destructeur d'Ecureuils, Rongeurs nuisibles en forêt, et quand l'autre nous assure que ce sont les Corbeaux des Pays baltiques qui représentent la proie principale de l'Autour.

EPERVIER ORDINAIRE (*Accipiter nisus* [Linné])

L'Epervier ordinaire est un des plus banals de nos Oiseaux de proie diurnes. Il martèle chez nous et y est très abondant au moment de l'émigration. Il reste en assez grand nombre pendant l'Hiver. Nous sommes en possession de 157 autopsies d'Eperviers ordinaires, tués en Tchécoslovaquie de 1921 à 1927.

Six Eperviers ordinaires tués pendant le mois de *janvier* renfermaient, dans leurs appareils digestifs, 6 fois des Oiseaux ou des débris d'Oiseaux, et 1 fois des débris d'une Souris (*Mus* spec?) que nous avons trouvés à côté des restes d'un petit Oiseau granivore. Quant aux Oiseaux mangés, nous avons pu reconnaître 1 fois des débris d'une Perdrix grise (*Perdix perdix* [L.]), 3 fois des Cochevis huppés (*Gallerida cristata* [L.]) et 2 fois deux Oiseaux granivores que nous ne pouvons déterminer exactement; nous pensons qu'ils doivent être des Moineaux (*Passer* spec?). Dans ces 6 tubes digestifs, nous avons constaté aussi des petits grains de différentes plantes sauvages, provenant des appareils digestifs des Oiseaux avalés.

Pendant le mois de *février*, nous avons disséqué 19 Eperviers ordinaires; dans 14 appareils digestifs nous avons trouvé des petits Oiseaux granivores ou de leurs débris, et 1 fois un Oiseau insectivore. Une femelle renfermait dans son estomac quelques plumes d'Oiseau et aussi un Campagnol amphibie (*Arvicolu amphibius* [L.]); les 4 autres Eperviers ordinaires n'avaient mangé que des Campagnols et des Souris (*Microtinœ* et *Murinœ*; 3 Campagnols et 2 Souris en tout). En tout, nous avons compté 16 petits Oiseaux et 6 petits Rongeurs. Nous avons pu déterminer les Oiseaux suivants : 1 Mésange (*Parus* spec?) qui se trouvait avec 1 Pinson ordinaire (*Fringilla cœlebs* [L.]) dans un même estomac; 1 Alouette des champs (*Alauda arvensis*, L.), 2 Cochevis huppés (*Gallerida cristata* [L.]), 3 Moineaux domestiques (*Passer domesticus* [L.]), 2 Moineaux friquets (*P. montanus* [L.]), 1 Gros-bec vulgaire (*Coccothraustes coccothraustes* [L.]), des débris de 5 Oiseaux que nous ne pouvons déterminer exactement. Nous croyons qu'il devait s'agir aussi d'Oiseaux granivores, car nous avons trouvé toujours des petits grains de différentes plantes sauvages et un peu de sable à côté des débris de ces Oiseaux dans le tube digestif des Eperviers.

La nourriture de 22 Eperviers tués au mois de *mars* était la suivante : 5 fois elle consistait en Bruants (*Emberiza* spec?; [5 individus]), 1 fois une Alouette des champs (*Alauda arvensis*, L.), 2 fois des Merles noirs (*Turdus merula*, L.), soit 2 Merles, 7 fois des Moineaux (*Passer* spec?) soit 7 Moineaux, 3 fois des Mésanges (*Parus* spec?, soit 3 Mésanges, 2 fois des petits Oiseaux que nous n'avons pu déterminer exactement. Nous avons constaté aussi 2 fois des débris de Campagnols (*Microtinæ*, soit 3 Campagnols). Au total 20 Oiseaux et 3 petits Rongeurs.

Les 3 Eperviers tués au mois d'*avril* avaient mangé 1 Bruant (*Emberiza* spec?), 1 grand Oiseau grisâtre que nous croyons être une Colombe (*Columba* spec?) et 3 Campagnols (*Microtinæ*) dont nous avons constaté les débris dans l'estomac de ces 3 Eperviers.

C'est la nourriture de 10 Eperviers ordinaires tués pendant le mois de *mai* qui est la plus variée. Un Epervier mâle avait capturé un Loriot jaune (*Oriolus galbula* [L.]) ; un autre mâle avait mangé un Rollier ordinaire (*Coracias garrulus*, L.), et le troisième, un Engoulevent d'Europe (*Caprimulgus europœus*, L.). Mais à côté de ces proies, nous avons constaté dans l'appareil digestif de ces 3 Eperviers, de nombreux restes de différents Insectes : 2 *Geotrupes* spec?, beaucoup de débris de Hannetons (*Melolontha vulgaris*, L. et *Melolontha hippocastani*, F.), 71 pygidiums, 1 Cerf-volant (*Lucanus cervus*, L.), 1 Hylobe (*Hylobius* spec?), une Sauterelle (*Locusta viridisima*, L.), et d'autres fragments chitineux. Un Epervier femelle avait capturé un Pinson ordinaire (*Fringilla cœlebs* [L.]) et avait pillé une couvée de 6 jeunes Oiseaux encore nus, dont les estomacs étaient pleins de débris d'Insectes, surtout de petits Coléoptères. Dans l'estomac d'un autre Epervier ordinaire, nous avons trouvé les débris d'un Ecureuil commun (*Sciurus vulgaris*, L.) et des restes de nombreux Hannetons (49 pygidiums). L'appareil digestif d'un autre Epervier renfermait des débris d'un Campagnol vulgaire (*Microtus arvalis* [Pall.]), des débris fortement macérés d'un Lézard (*Lacerta* spec?), des fragments de 2 Taupes-Grillons (*Cryllotalpa gryllotalpa* [L.]) à côté de quelques restes fortement macérés d'un Oiseau noir que nous croyons être un Merle noir (?) (*Turdus merula,* L.). Le septième de ces Eperviers ordinaires avait mangé un Moineau (*Passer* spec?), 4 Hylobes du Pin (*Hylobius abietis,* L.), de nombreux Hannetons (39 pygidiums); nous avons trouvé presque intacts 7 autres Hannetons.

On peut supposer que les 3 derniers Eperviers suivants, tués aussi durant le mois de mai, ne chassaient que pendant la nuit ou à la tombée de la nuit, car dans leurs appareils digestifs nous avons trouvé la nourriture suivante : 1° 1 Murin (*Vespertilio murinus,* L.), des débris de quelques plumes d'un petit Oiseau et des restes de 5 Taupes-Grillons (*Gryllotalpa gryllotalpa* [L.]); 2° 1 Engoulevent d'Europe (*Caprimulgus europœus,* L.) et des débris chitineux d'Insectes; 3° un Campagnol vulgaire (*Microtus arvalis* [Pall.]), 3 Taupes-Grillons (*Gryllotalpa gryllotalpa* [L.]), 5 Hannetons communs (*Milolontha vulgaris,* L.), et des débris de 14 *Geotrupes* spec. dif. Les Hannetons et les *Geotrupes* avaient été capturés pendant leur vol, car leurs ailes étaient encore ouvertes.

Un Epervier ordinaire, tué pendant le mois de *juin,* avait mangé un Rouge-gorge familier (*Erithacus rubecula,* L.), et un autre avait capturé un Etourneau vulgaire (*Sturnus vulgaris*, L.) et quelques Sauterelles (*Locustidæ*).

La nourriture des 25 Eperviers ordinaires tués pendant le mois de *juillet* est beaucoup moins variée que celle des Eperviers tués durant les mois précédents. Elle ne consiste qu'en petits Oiseaux, 25 en tout; ce sont : 1 Merle noir (*Turdus merula*, L.), 1 Hochequeue gris (*Motacilla alba*, L.), 1 Bergeronnette printanière (*Motacilla flava* [L.]), 1 Bruant (*Emberiza* spec?), 1 Pie-grièche écorcheuse (*Lanius collurio*, L.), 1 Hirondelle rustique (*Chelidon rustica* [L.]), 1 jeune Torcol vulgaire (*Yunx torquilla* [L.]), 2 Etourneaux vulgaires (*Sturnus vulgaris*, L.), 7 Moineaux (*Passer* spec?), 2 jeunes Faisans (*Phasianus colchicus*, L.) et 7 fois des débris d'Oiseaux que nous n'avons pu déterminer exactement; nous croyons que ces Oiseaux devaient être granivores, car nous avons trouvé toujours mélangées à leurs restes, des petites graines entières, plus ou moins altérées. Dans un estomac, nous avons constaté aussi des fragments d'un grand Carabe (*Carabus* spec?).

3 Eperviers ordinaires tués en *août* avaient mangé la nourriture suivante : 1 jeune Tetra lyre (?) [*Tetrao tetrix*, L.], 1 Hirondelle rustique (*Chelidon rustica* [L.]), et 1 Etourneau vulgaire (*Sturnus vulgaris*, L.).

Quant à la nourriture de 8 Eperviers ordinaires tués au mois de *septembre*, nous n'avons pu déterminer avec sûreté, qu'un Bruant (*Emberiza* spec?) et 3 Mésanges (*Parus* spec?). Le reste comprenait des débris d'Oiseaux plus ou moins abondants, mais toujours fortement macérés. Chez un de ces Eperviers, nous avons trouvé aussi quelques débris d'un petit Rongeur (*Murinæ? Microtinæ?*).

Le contenu de l'appareil digestif de 4 Eperviers ordinaires tués pendant le mois d'*octobre*, comprenait toujours des débris de petits Oiseaux. Ce devait être des petits Oiseaux granivores, car nous avons toujours trouvé, mélangés à leurs restes, quelques petits grains de plantes sauvages. Dans un estomac, nous avons trouvé aussi des débris d'un petit Rongeur (*Muridæ*) et dans un autre, des fragments de téguments de larves d'Insectes, à côté de débris d'Oiseaux avalés.

Les tubes digestifs de 45 Eperviers ordinaires tués durant le mois de *novembre*, renfermaient la nourriture suivante : un Merle noir (*Turdus merula*, L.), un Troglodyte mignon (*Troglodytes troglodytes* [L.]), 4 Mésanges (*Parus* spec. dif.), 2 Cochevis huppés (*Gallerida cristata* [L.]). Un de ces Cochevis fut trouvé avec des débris d'une Perdrix grise (*Perdix perdix* [L.]), dans le même estomac. Dans 3 estomacs nous avons constaté 3 Bruants (*Emberiza* spec.), dont l'un se trouvait, avec des débris d'un Campagnol, dans le même estomac; ensuite nous avons constaté un Bec-croisé ordinaire (*Loxia curvirostra* [L.]), 2 Chardonnerets élégants (*Carduelis carduelis* [L.]), 12 Moineaux (*Passer domesticus* [L.] et *P. montanus* [L.]), 3 Geais ordinaires (*Garrulus glandarius* [L.]), 1 Martin-pêcheur vulgaire (*Alcedo ispida*, L.), 1 Pigeon domestique blanc et jaune (*Columba livia*, Bonnat. var., *domestica*), des débris de 4 petits Oiseaux granivores et de 9 autres Passereaux, que nous n'avons pu déterminer plus exactement. Dans un de ces estomacs, nous avons pu constater aussi des débris de 3 Campagnols (*Microtinæ*). En somme, les 45 Eperviers ordinaires avaient capturé 44 fois des Oiseaux, soit en tout 45 Oiseaux différents, et 2 fois des petits Rongeurs, soit 4 Campagnols.

Les 10 Eperviers tués au mois de *décembre* avaient mangé 1 Pinson ordinaire (*Fringilla cœlebs* [L.]), 1 Oiseau que nous avons déterminé comme un Cochevis huppé ? (*Gallerida cristata* [L.]), des débris d'un autre plus grand Oiseau, que nous croyons être un Merle noir (*Turdus merula*, L.), à côté de débris de 3 Oiseaux beaucoup moins gros, que nous n'avons pu déterminer exactement, 1 Oiseau granivore et 5 fois des débris d'Oiseaux (par exemple quelques plumes), et une fois des débris de 3 Campagnols (*Microtinæ*), à côté des débris d'une Souris (*Mus* spec?). En somme ces 10 Eperviers ordinaires renfermaient 9 fois des Oiseaux et 1 fois des petits Rongeurs nuisibles (*Murinæ* et *Microtinæ*), soit 11 Oiseaux et 4 petits Rongeurs.

Nous avons analysé le contenu des appareils digestifs de 157 Eperviers ordinaires, et nous y avons constaté 183 Vertébrés : 155 Oiseaux, 25 petits Rongeurs (*Microtinæ* et *Murinæ*), 1 Ecureuil commun (*Sciurus vulgaris*, L.), 1 Murin (*Vespertilio murinus*, L.) et 1 Lézard (*Lacerta* spec?). Des Insectes furent trouvés dans 13 appareils digestifs, et parfois en assez grand nombre.

Quant aux Oiseaux, nous avons rencontré : 32 Moineaux (*Passer domesticus* [L.] et *P. montanus* [L.]),

11 Bruants (*Emberiza* spec?), 11 Mésanges (*Parus* spec. dif.), 8 Cochevis huppés (*Galerida cristata* [L.]), 5 Meiles noirs (*Turdus merula*, L.), 4 Etourneaux vulgaires (*Sturnus vulgaris*, L.), 3 Pinsons ordinaires (*Fringilla cœlebs* [L.]), 3 Geais ordinaires (*Garrulus glandarius* [L.]), 2 Motacillidés (*Motacilla flava* [L.] et *Motacilla alba*, L.), 2 Alouettes des champs (*Alauda arvensis*, L.), 2 Chardonnerets élégants (*Carduelis carduelis* [L.]), 2 Engoulevents d'Europe (*Caprimulgus europœus*, L.), 2 Hirondelles rustiques (*Chelidon rustica* [L.]), 2 Colombes (*Columba* spec. dif.), 2 Perdrix (*Perdix perdix* [L.]), 2 Faisans tout jeunes (*Phasianus colchicus*, L.), 1 Rouge-gorge familier (*Erithacus rubecula*, L.), 1 Troglodyte mignon (*Troglodytes troglodytes* [L.]), 1 Bec-croisé ordinaire (*Loxia curvirostra* [L.]), 1 Gros-bec vulgaire (*Coccothraustes coccothraustes* [L.]), 1 Loriot jaune (*Oriolus galbula* [L.]), 1 Pie-grièche écorcheuse (*Lanius collurio*, L.), 1 Rollier ordinaire (*Coracias garrulus*, L.), 1 Martin-pêcheur vulgaire (*Alcedo ispida*, L.), 1 Torcol vulgaire (*Yunx torquilla* [L.], 1 Tetra lyre (*Tetrao tetrix*, L.). Puis, 5 petits jeunes Oiseaux nus volés de leurs nids, 19 petits Oiseaux granivores, que nous ne pouvons nommer exactement, et des débris très macérés de 19 autres Oiseaux tout à fait méconnaissables.

Ce sont les Oiseaux habitant dans les forêts et dans les champs, des Oiseaux de la grandeur d'une Mésange, ou moindre, jusqu'à celle d'un Geai ou d'un Corbeau, en général tous plus petits que l'Epervier ordinaire, qui représentent la nourriture principale de ce Rapace, pendant toutes les périodes de l'année; les Oiseaux rencontrés dans les appareils digestifs des Eperviers disséqués représentent à peu près 85 % des Vertébrés avalés. L'Epervier ordinaire détruit aussi des petits Rongeurs nuisibles et des Insectes assez nombreux, parmi lesquels se trouvent des espèces très nuisibles et même difficiles à détruire (Hannetons, Taupes-Grillons, différentes chenilles, etc...).

BUSARD SAINT-MARTIN (*Circus cyaneus* [Linné])

Le Busard Saint-Martin est aujourd'hui un Rapace assez rare dans notre Pays, à cause du développement intensif de l'agriculture. Il est même peu commun à l'époque de l'émigration. Pour cette raison, nous n'avons pu en disséquer que 11 exemplaires, tués au moment de leur passage. Nous en avons disséqué 5 au printemps, en *mars*, et 6 en automne, dans les mois d'*octobre*, *novembre* et *décembre*.

L'appareil digestif de 5 Busards Saint-Martin, tués au printemps, ne renfermait que des petits Rongeurs nuisibles ou de leurs débris, et en plus, des restes d'un Batracien anoure, rencontrés dans un estomac. Nous avons compté au total : 7 Campagnols vulgaires (*Microtus arvalis* [Pall.]), 2 Souris (*Mus* spec?) et 1 Batracien anoure (*Anura*).

Les 3 Busards Saint-Martin tués en automne (mois d'*octobre*, *novembre* et *décembre*) avaient avalé 7 Campagnols (5 *Microtus arvalis* [Pall.] et 2 *Arvicola* spec?), 1 petit Oiseau granivore et 1 Grenouille (*Rana* spec?). Dans un de ces estomacs, nous avons trouvé 5 Campagnols, dans le second, 2 Campagnols,

et dans le troisième estomac, 1 Oiseau et 1 Grenouille.

Un autre Busard Saint-Martin tué en automne renfermait, dans son estomac, quelques débris de plumes
et des restes de l'estomac d'un Oiseau granivore, qui
avait mangé des graines d'*Astragalus* spec? (déterm.
M. APPL) et de *Vicia* spec?; nous avons trouvé aussi
des débris d'une Souris (*Mus* spec?) dans le même
estomac. Le mâle tué en automne 1923 renfermait
dans son appareil digestif 5 Campagnols encore presque intacts (3 *Arvicola amphibius* [L.] et 3 *Microtus
arvalis* [Pall.]) et des restes de 3 Souris (*Mus* spec?).
Une femelle tuée en automne 1925 avait capturé
1 Bruant (*Emberiza* spec?) et 2 Campagnols amphibies
(*Arvicola amphibius* [L.]).

En résumé, dans l'appareil digestif de 11 Busards
Saint-Martin, nous avons trouvé 27 petits Rongeurs
(*Microtinæ* et *Murinæ*), 3 Oiseaux et 2 Batraciens
anoures (*Anura*), en tout 32 Vertébrés.

Si l'on devait tirer des conclusions des autopsies
peu nombreuses ci-dessus présentées, on pourrait dire
que le Busard Saint-Martin, tout au moins à l'époque
du passage des Oiseaux dans notre pays, est un grand
destructeur de Rongeurs nuisibles (*Murinæ, Microtinæ*).

LA CHEVÊCHE COMMUNE (*Athene noctua* [Scop.])

Parmi les Oiseaux de proie nocturnes (*Strigidæ*), la Chevêche commune est fréquente dans notre pays.

Nous avons examiné le contenu de l'appareil digestif de 71 individus.

Nous avons disséqué 7 Chevêches en *janvier*, 5 avaient mangé 9 petits Rongeurs (*Microtinæ*), dont nous avons rencontré des débris plus ou moins nombreux; les 2 autres avaient mangé 9 petits Rongeurs (4 Campagnols [*Microtinæ*] et 5 Souris [*Mus* spec?]) et des Insectes. Nous avons trouvé 163 larves de Zabres bossus (*Zabrus gibbus*, F.) 7 chenilles de Noctuelles (*Agrotidæ*) et quelques débris chitineux d'imagos de Coléoptères, avec quelques morceaux de feuilles de Blé.

5 Chevêches tuées en *février* ne renfermaient dans leur appareil digestif que des petits Rongeurs ou de leurs débris, en tout 4 Campagnols vulgaires (*Microtus arvalis* [Pall.]), des débris d'un autre Campagnol (*Microtus* spec?) et 6 Souris (*Mus* spec?)

Les 8 Chevêches communes tuées au mois de *mars* avaient mangé 19 petits Rongeurs : 15 Souris (*Mus* spec?), 2 Campagnols vulgaires (*Microtus arvalis*

[Pall.]). Nous avons constaté 2 fois aussi des débris de poils et des fragments d'os de Campagnols ou de Souris (*Muridæ*). Dans un seul appareil digestif, nous avons observé 3 Souris et 2 Campagnols. Chez 2 individus, nous avons rencontré aussi de nombreux fragments de larves de Zabres bossus (*Zabrus gibbus*, F. 30, et 71 larves) et des fragments nombreux de Coléoptères adultes.

6 de 8 Chevêches communes tuées pendant le mois d'*avril* avaient capturé des petits Rongeurs : 6 Souris (2 *Mus sylvaticus*, L., et 4 *Mus* spec?), et 2 Campagnols (*Microtus* spec?). L'estomac du septième individu contenait des débris d'une Grenouille verte (*Rana esculenta*, L.), et dans celui du huitième individu, se trouvait un Oiseau, que nous croyons être une Alouette des champs (*Alauda arvensis*, L.).

La nourriture des 12 Chevêches communes tuées au mois de *mai* diffère beaucoup de celle des exemplaires tués pendant les mois précédents.

Dans l'appareil digestif de 8 d'entre elles, nous avons trouvé des petits Rongeurs ou des débris de ces animaux (12 *Microtus arvalis* [Pall.], 4 *Microtus* spec?, 2 *Arvicola* spec? et 6 *Mus* spec?). Une Chevêche avait capturé 1 Musaraigne (*Sorex* spec?) et 1 Lézard (*Lacerta* spec ?). Une autre Chevêche avait mangé 1 Crapaud (*Bufo* spec ?) ; la troisième, 1 Oiseau, car nous avons constaté quelques plumes, et dans l'estomac de la quatrième, nous avons trouvé des débris de 3 jeunes Oiseaux dont le nid avait été pillé. Nous avons toujours constaté cette nourriture à côté d'Insectes plus ou moins nombreux. Parmi les Insectes,

nous avons constaté des Hannetons (*Melolontha vulgaris*, L. et *M. hippocastoni*, F.) qui représentaient la
majorité de tous les Insectes avalés. Par exemple, dans
1 estomac, nous avons trouvé 7, 116, 29, 54 et 237
pygidiums de Hannetons. Nous avons constaté aussi les
Insectes suivants : 1 Hanneton foullon (*Polyphylla
fullo*, L.), très souvent de nombreux débris de *Geotrupes* spec. dif. (par exemple, dans 1 estomac, des
débris de 41 *Geotrupes*), 1 femelle de Cerf-volant
(*Lucanus cervus*, L.), 3 fois des débris de grands
Carabes (*Calosoma* spec?, *Carabus* spec?, etc.), 1 fois
1 *Meloë proscarabeus*, L., 2 fois des débris de grands
Cerambycidæ, des débris de 11 Hylobes du Pin (*Hylobius abietis*, L.), des débris de 22 Taupes-Grillons
(*Gryllotalpa gryllotalpa* [L.]), dans 6 estomacs, et
6 fois, des débris plus ou moins nombreux des imagos
de Lépidoptères nocturnes (*Heterocera*).

Dans le mois de *juin* nous n'avons analysé que le
contenu de l'appareil digestif de 5 Chevêches communes. L'estomac de la première était rempli de débris
de Hannetons communs (*Melolontha vulgaris*, L.) ;
3 Hannetons que nous avons trouvés presque intacts
avaient été capturés tandis qu'ils volaient. En comptant
les pygidiums, nous avons constaté que 7 Chevêches
avaient mangé 93 Hannetons. La seconde Chevêche
avait mangé un Murin (*Vespertilio murinus*, L.) et
des Insectes (de grands Coléoptères et des Lépidoptères) dont nous n'avons trouvé que des débris fortement macérés. La troisième, tuée le matin, ne renfermait, dans son estomac, que de très petits débris d'Insectes et quelques plumes. La quatrième avait mangé

1 Hamster (*Cricetus cricetus* [L.]), la cinquième, 2 Souris (*Mus* spec?) et des Taupes-Grillons (*Gryllotalpa gryllotalpa* [L.]).

Les 5 Chevêches communes tuées pendant le mois de *juillet* avaient mangé 5 petits Rongeurs (*Microtinæ* et *Murinæ*), 6 Taupes-Grillons (*Gryllotalpa gryllotalpa* [L.]) et des débris de 1 Ophidien.

La nourriture des 3 Chevêches communes tuées en *août* se composait des débris de 2 Campagnols (*Arvicola* spec?), d'un Hamster (*Cricetus cricetus* [L.]), et de 4 jeunes Oiseaux volés dans les nids.

Les appareils digestifs de 3 individus tués en *septembre* renfermaient des débris d'une Salamandre tachetée (*Salamandra maculosa*, Laur.), 1 Bruant (*Emberiza* spec?) et des débris de 4 Rongeurs (*Microtinæ*) constatés dans un seul estomac.

Deux chevêches communes, tuées au mois d'*octobre*, avaient mangé trois petits Rongeurs (*Microtinæ* et *Murinæ*), dont nous avons trouvé les débris.

Trois exemplaires abattus en *novembre* avaient mangé 5 petits Rongeurs (*Microtinæ* et *Murinæ*) et une Musaraigne (*Sorex* spec?).

Dans l'estomac de 10 Chevêches tuées en *décembre*, nous avons observé 9 fois des petits Rongeurs nuisibles ou de leurs débris, soit 16 individus : 7 Campagnols vulgaires (*Microtus arvalis* [Pall.]), 3 autres Campagnols (*Microtus* spec?) et 6 Souris (*Mus* spec?); 2 fois, un Oiseau : 1 Gros-bec vulgaire (*Coccotraustes coccotraustes* [L.]), et 1 autre Oiseau que nous n'avons pu déterminer exactement.

En résumé, dans 59 des 71 tubes digestifs de Chevêches communes examinés (proportion 83 %) nous avons trouvé des petits Rongeurs (*Microtinæ, Murinæ*), et 2 Hamsters (*Cricetus cricetus* [L.]) compris. Au total, nous avons rencontré 115 petits Rongeurs nuisibles, parmi lesquels les Campagnols vulgaires (*Microtis arvalis* [Pall.]) représentaient la majorité. Différents Insectes, mais surtout des Insectes nuisibles et même dangeureux, furent mangés par 21 de ces Rapaces. Quant aux Oiseaux, nous en avons trouvé 17 dans 9 appareils digestifs. Nous avons observé aussi 2 fois, une Musaraigne (*Sorex* spec?), 1 fois un Murin (*Vespertilio murinus*, L.), 1 fois une Grenouille (*Rana esculenta*, L.), 1 fois un Crapaud (*Bufon* spec?), 1 fois une Salamandre tachetée (*Salamandra maculosa*, Laur.), 1 fois, un Lézard (*Lacerta* spec?) et 1 fois, des débris d'un Ophidien.

La Chevêche commune détruit des Oiseaux adultes ou encore au nid et des Insectivores, cependant de nos analyses le montrent bien, ce sont surtout les petits Rongeurs nuisibles et des Insectes volants et rampants qui représentent la nourriture principale de ce Rapace pendant toute l'année. En cela, nous sommes d'accord avec les auteurs cités, qui ont étudié avant nous la nourriture de la Chevêche, et comme eux, nous pensons aussi que cet Oiseau est utile à l'agriculture et dans les forêts.

HULOTTE CHAT-HUANT (*Syrnium aluco* [Linné])

La Hulotte Chat-huant est aussi un Oiseau commun dans tout notre Pays. Nous avons analysé le contenu des appareils digestifs de 133 individus.

La nourriture de 12 Hulottes Chats-huants, tuées pendant le mois de *janvier*, était la suivante : 6 Hulottes avaient mangé 15 Campagnols vulgaires (*Microtus arvalis* [Pall.]) que nous avons toujours trouvés presque intacts. L'appareil digestif d'une autre Hulotte renfermait 7 Campagnols vulgaires plus ou moins macérés, et des débris de 4 Souris (*Mus* spec?). Un autre appareil contenait des débris de 3 Campagnols (*Arvicola* spec?), le troisième, des débris d'un Campagnol (*Microtus* spec?) à côté de restes chitineux fortement macérés d'Insectes et, dans le quatrième, nous avons rencontré 2 Campagnols (un *Microtis arvalis* [Pall.] et un *Arvicola amphibius* [L.]). L'estomac d'une femelle contenait les débris d'un Poisson (*Cyprinidæ* [?]) d'environ 12 centimètres de longueur et coupé en morceaux ; le tube digestif d'une autre femelle, tuée en Slovaquie, était rempli des restes très petits de nombreux Insectes, de fragments de quelques aiguilles de Conifères, de quelques feuilles sèches, d'un peu de sable et de quelques petits fragments d'os de Campagnol (*Microtinæ*). Ainsi, parmi les 12 Hulottes examinées, 11 avaient capturé 34 petits Rongeurs, 2 avaient mangé aussi des Insectes et 1 avait capturé aussi 1 Poisson.

Treize Hulottes tuées pendant le mois de *février* avaient mangé des petits Rongeurs : 29 Campagnols vulgaires (*Microtus arvalis* [Pall.]), 6 Campagnols (*Arvicola* spec?) et 6 Souris (*Mus* spec?).

Parmi les 11 Hulottes tuées en *mars*, 8 n'avaient capturé que des petits Rongeurs (12 *Microtus arvalis* [Pall.] et 3 *Mus* spec?). Dans un estomac, nous avons trouvé des débris macérés de 3 Campagnols (*Arvicola* spec?) à côté de débris d'un Oiseau que nous croyons être un Merle noir (*Turdus merula*, L.). Un autre estomac renfermait un Gros-bec vulgaire (*Coccotraustes coccotraustes* [L.]) et le troisième était rempli de plumes provenant d'un Oiseau un peu plus grand. Les 11 Hulottes avaient donc capturé 9 fois des petits Rongeurs (*Microtinæ* et *Murinæ*), soit 18 petits Rongeurs et 3 fois des Oiseaux, soit 3 Oiseaux.

La nourriture de 14 Hulottes Chats-huants, tuées pendant le mois d'*avril*, est assez variée : 10 Oiseaux avaient mangé des petits Rongeurs (*Microtinæ* et *Murinæ*) [18 en tout] ; dans un seul estomac, nous avons trouvé les débris de 7 Campagnols vulgaires (*Microtus arvalis* [Pall.]) et de 2 Souris (*Mus* spec?). Dans l'estomac d'une femelle se trouvaient 2 Campagnols (*Arvicola* spec?) et les débris d'un Bruant (*Emberiza* spec ?). L'estomac d'une autre Hulotte renfermait aussi les restes d'un Bruant (*Emberiza* spec?), un autre des débris d'un *Arion ater*, L., qui atteignait 11 à 12 centimètres de long, et 7 Limaces grisâtres d'une longueur de 4 centimètres environ (*Limax* spec. dif.) ; tous ces Mollusques étaient assez fortement macérés. Dans ce dernier estomac nous avons rencontré aussi quelques débris de chitineux de Coléoptères. Nous avons trouvé aussi 5 Limaces ou Arions fortement macérés dans un autre estomac, ainsi que les restes d'une grande Araignée, deux aiguilles de Pin (*Pinus* spec?) et d'autres débris végétaux. En résumé, ces 14 Hulottes avaient mangé 20 petits Rongeurs (*Microtinæ* et *Murinæ*), 2 Bruants (*Emberiza* spec?), 13 Mollusques (*Limax* ou *Arion*), des Coléoptères et 1 Araignée.

La nourriture de 8 Hulottes Chats-huants, abattues pendant les mois de *mai*, est très variée ; elle consiste 3 fois en petits Rongeurs : 3 Campagnols amphibies (*Arvicola amphibius* [L.]), 3 Souris des bois (*Mus sylvaticus*, L.) et 1 autre Souris (*Mus* spec?). Dans un tube digestif nous avons trouvé un jeune Ecureuil (*Sciurus vulgaris*, L.) ; dans deux autres, des Hannetons communs (*Melolontha vulgaris*, L.) très nombreux (72 et 96 pygidiums) ; dans un quatrième, 1 Taupe commune (*Talpa europæa*, L.) et dans le cinquième, des débris de 5 jeunes Oiseaux nus volés dans leurs nids.

Cinq Hulottes, tuées au commencement du mois de *juin*, avaient mangé de nombreux Hannetons (*Melolontha vulgaris*, L., 231 pygidiums, *Melolontha hippocastani*, F., 46 pygidiums et 2 *Polyphylla fullo*, L.) et 97 chenilles. L'estomac de 3 Hulottes, tuées

dans les cantons forestiers attaqués par la Nonne
moine (*Liparis monacha*, L.), était rempli des chenilles de cette espèce; dans un seul estomac, nous
avons trouvé 71 chenilles et de leurs débris. L'estomac
d'une quatrième renfermait non seulement de très
nombreuses chenilles de Nonne moine (123 individus),
mais aussi des débris de 3 jeunes petits Oiseaux nus
volés dans leurs nids et les restes de grands Carabides
(*Carabus* spec? et *Calosoma* spec?). Dans un estomac,
nous avons rencontré les débris d'un jeune Lièvre
(*Lepus europœus*, Pall.) et de 3 jeunes petits Oiseaux
pris au nid. Une Hulotte avait mangé 1 Campagnol
vulgaire (*Microtus arvalis* [Pall.]) et 3 autres Campagnols (*Microtus* spec? et *Arvicola* spec?); la deuxième
avait mangé 1 Grenouille (*Rana* spec?) et 1 Musaraigne (*Sorex araneus*, L.), et la troisième, 25 chenilles
poilues, que nous avons trouvées fortement macérées,
et 1 jeune Merle (*Turdus* spec?).

Les 4 Hulottes Chats-huants, abattues pendant le
mois de *juillet*, n'avaient mangé que des Insectes. Nous
avons trouvé la nourriture suivante : 1° 33 Hylobes
du Pin (*Hylobius abietis*, L.), 44 *Geotrupes sylvaticus*,
Panz. et *Geotrupes* spec. dif., 7 *Carabus* spec? (Déterm.
par M. FLEISCHER), de nombreux fragments d'imagos
de Lépidoptères (*Heterocera*), surtout des Sphinx, que
nous croyons être des Sphinx du Pin (*Sphinx pinastri*,
L.), 43 chenilles de Nonne moine (*Liparis monacha*,
L.), des aiguilles de Pin sylvestre (*Pinus silvestris*, L.)
et d'Epicéa (*Abies excelsa*, D. C.); 2° 21 Hylobes
(*Hylobius* spec?), des débris d'un grand Capricorne
(*Cérambyx* spec?) et d'un *Geotrupes* spec?, 31 che-

nilles de Nonne moine (*Liparis monacha*, L.), 3 Taupes-Grillons (*Gryllotalpa gryllotalpa* [L.]) et d'autres fragments chitineux; 3° des chenilles et des débris de nombreuses chenilles de la Bombyce chrysorhoée (*Arctornis chrysorrhœa*, Fuessl.) et de la Bombyce livrée (*Gastropacha neustria*, L.) ; des fragments des imagos de *Lamellicornia* (*Rhizotrogus?*) et des Carabes (*Carabidœ*) très nombreux; 4° des débris de différentes chenilles poilues et non poilues, tous fortement macérés, et les restes de 13 Taupes-Grillons (*Gryllotalpa gryllotalpa* [L.]).

L'estomac d'une Hulotte Chat-huant, tuée au mois d'*août*, renfermait 1 Campagnol vulgaire (*Microtus arvalis* [Pall.]).

L'appareil digestif de 9 Hulottes Chats-huants, tuées pendant le mois de *septembre*, renfermait 8 fois des petits Rongeurs nuisibles et de leurs débris (4 *Microtus arvalis* [Pall.], 3 *Arvicola amphibius* [L.], 3 *Microtus* spec?, 1 *Mus sylvaticus*, L., 5 *Mus* spec?, 1 jeune Hamster (*Cricetus cricetus* [L.]) et une fois, des débris de 5 petits Lézards (*Lacerta* spec?) ; en outre, 3 chenilles (1 *Geometra* spec? et 2 *Mamestra* spec?), 2 *Geotrupes sylvaticus*, Panz., 1 Taupe-Grillon (*Gryllotalpa gryllotalpa* [L.]) et des débris de femelle de Sauterelles et de leurs œufs (*Locustidœ*).

Dans l'appareil digestif de 6 Hulottes Chats-huants, tuées au mois d'*octobre*, nous avons toujours trouvé des petits Rongeurs (14 *Microtinœ* et 5 *Murinœ*) et une fois, des fragments de peaux de grandes chenilles poilues, à côté de quelques débris d'aiguilles de Conifères.

Dans le tube digestif de 18 Hulottes Chats-huants, tuées dans le mois de *novembre*, il n'y avait que des débris de 49 petits Rongeurs (38 *Microtinœ* et 11 *Murinœ*). Une fois, nous avons trouvé cette nourriture à côté de restes chitineux très fins de Coléoptères.

Parmi les 24 Hulottes Chat-huants abattues pendant le mois de *décembre*, 20 n'avaient mangé que des petits Rongeurs. Nous avons compté 59 Campagnols (*Microtinœ*) et 16 Souris (*Mus* spec. dif.) et 3 Rats gris (*Mus norvegicus*, Erxleben). Une Hulotte avait mangé 1 Souris (*Mus* spec?) et 1 Musaraigne (*Sorex* spec?) ; une autre n'avait avalé qu'une Musaraigne (*Sorex araneus*, L.) ; la troisième avait attrapé 1 Taupe commune (*Talpa europœa*, L.), et l'estomac de la quatrième renfermait les débris d'une Perdrix grise (*Perdix perdix* [L.]).

Les analyses ci-dessus présentées, de même que celles faites par les auteurs cités à la Bibliographie, montrent que ce sont les petits Rongeurs nuisibles (*Microtinœ* et *Murinœ*) qui représentent la nourriture principale de la Hulotte Chat-huant, durant toute l'année; néanmoins, la nourriture de cet Oiseau varie quelque peu, suivant les différentes époques. Parmi les 133 appareils digestifs examinés, 99, soit les trois quarts, renfermaient des Rongeurs nuisibles : 287 Campagnols et Souris (les premiers étant plus nombreux que les secondes), 1 Hamster et 1 Ecureuil.

De nombreux Insectes variés (volant, rampant et grimpant) sont également mangés pendant toute l'année, mais surtout aux époques où ils sont le plus nombreux, c'est-à-dire au printemps et en été. Nous les avons trouvés dans 12 appareils digestifs. Naturellement, la Hulotte ne fait aucune différence entre les Insectes nuisibles et utiles, le résultat de nos analyses montre que la plupart des Insectes avalés appartiennent à des espèces nuisibles à l'agriculture et aux forêts. Nous ajoutons aussi que nous avons rencontré 2 fois des Mollusques, 13 en tout, appartenant au groupe des Limaciens.

Nous avons, en outre, constaté la présence d'Oiseaux, jeunes et adultes, dans 10 appareils digestifs, au total, 18 individus. Nous les avons trouvés surtout chez des Hulottes tuées au printemps et en été, ce qui démontre que la Hulotte Chat-huant pille aussi les nids et capture les Oiseaux adultes.

Parmi les Insectivores mangés par les Hulottes Chats-huants, nous avons trouvé dans 3 estomacs, 3 Musaraignes (*Sorex* spec ?) ; dans 2 estomacs, 2 Taupes vulgaires (*Talpa europæa*, L.). Nous avons rencontré 1 fois, une Grenouille (*Rana* spec?), 1 fois, 5 jeunes Lézards dans un seul estomac (*Lacerta* spec?), 1 fois, des débris de Poisson (*Cyprinidæ* [?]) et 2 fois, du gibier : 1 petit Lièvre tout jeune (*Lepus europæus*, Pall.) et 1 Perdrix grise (*Perdix perdix* [L.]). Nous avons déjà compté cette Perdrix parmi les Oiseaux cités plus haut.

De tout ce qui précède, nous concluons qu'il a été prouvé à nouveau que la Hulotte Chat-huant se nourrit surtout de petits Rongeurs et d'Insectes et qu'à cause de cela elle est très utile à l'agriculture et à la sylviculture, bien quelle fasse aussi quelques dégâts en détruisant des Oiseaux, du gibier et des Insectes utiles.

PTYNX DE L'OURAL (*Syrnium uralense* [Pallas])

Le Ptynx de l'Oural n'est pas, parmi nos Strigidés,
un Oiseau commun, bien qu'il ait airé à Sumava
(Bœhmerwald), en Bohême (y aire-t-il encore?) et
qu'il aire encore dans nos Carpathes de la Slovaquie
et de la Russie Subcarpathique. A cause de cela, nous
ne possédons que 6 analyses de tubes digestifs de cette
espèce. Tous ces Ptynx furent tués en Slovaquie, soit
en *octobre*, soit dans les premiers jours des mois de
décembre, de 1922 à 1926.

Un mâle, tué à Tatra, renfermait dans son estomac
des fragments de 3 Carabes (1 *Carabus nemoralis*, Müll.
et 2 *Carabus cancellatus*, Illig), 5 *Geotrupes vernalis*,
L., 2 Sylphes (*Silpha obscura*, L.), 2 Grillons (*Acheta
[Gryllus] ? campestris*, L.) [déterm. par M. Fleis-
cher], des débris de chitines de Coléoptères, un peu
de poils et des fragments d'os d'un Campagnol
(*Microtinæ*). La femelle, tuée le même jour à Tatra,
renfermait dans son estomac 3 Campagnols (*Arvicola*
spec?). L'estomac d'un jeune Ptynx, tué non loin de
Tatra, contenait des débris de 3 *Geotrupes* spec? et
de 2 Campagnols (*Arvicola terrestris* [L.]) et d'une
Souris (*Mus* spec?).

Les 3 Ptynx tués au mois de *décembre* avaient mangé la nourriture suivante : 1 Campagnol et 1 Souris (*Arvicola* spec? et *Mus* spec?) trouvés dans le premier estomac; 3 Campagnols vulgaires (*Microtus arvalis* [Pall.]) et 1 Musaraigne (*Sorex* spec ?) rencontrés dans le deuxième et 1 Taupe commune (*Talpa europœa*, L.) dans le troisième.

En résumé, nous avons trouvé 5 fois des petits Rongeurs (12 exemplaires : 10 *Microtinœ* et 2 *Murinœ*), 1 fois, 1 Musaraigne (*Sorex* spec?) à côté des Rongeurs, 1 fois, 1 Taupe commune (*Talpa europœa*, L.) et 2 fois, des Insectes.

Les petits Rongeurs représentent donc la nourriture principale de ces 6 Ptynx examinés. Nous savons que le résultat de nos peu nombreuses analyses ne nous permet pas de tirer de grandes conclusions. Cependant un fait intéressant est à remarquer : parmi les Insectes avalés, nous avons déterminé des *Carabidœ*, des *Geotrupidœ*, des Sylphes et des Grillons et des peaux de chenilles. Donc, le Ptynx de l'Oural fait non seulement la chasse aux Insectes volants, mais aussi aux Insectes rampants et grimpants.

EFFRAYE COMMUNE (*Strix flammea*, Linné)

———

Quoique KNÉZOUREK (1910) dise que l'Effraye
commune n'est pas un Oiseau rare dans notre pays,
nous n'avons pu en disséquer que 15 appareils
digestifs. Tous ces Oiseaux, excepté un seul, furent
tués au printemps, en *mars*, et en automne, en *octobre,*
novembre et *décembre.*

Dans tous ces appareils digestifs nous avons trouvé
des petits Rongeurs ou de leurs débris (*Microtinæ*
et *Murinæ*). Dans un seul estomac, nous avons observé
6 Campagnols (*Microtus arvalis* [Pall.] et *Microtus*
spec?) à côté d'une pelote renfermant des débris de
3 petits Rongeurs (2 *Mus* spec? et 1 *Microtus* spec?).
Une fois, au mois de Décembre, nous avons trouvé
dans l'estomac d'une femelle, 4 Campagnols vulgaires
(*Microtus arvalis* [Pall.]) et 1 Musaraigne carrelet
(*Sorex araneus*, L.), tous presque intacts. Une Effraye
tuée au mois de *juin* renfermait dans son appareil
digestif, 1 Rat gris (*Mus norvegicus*, Erxleben),
3 Campagnols amphibies (*Arvicola amphibius* [L.]),
des débris de Hannetons communs (*Melolontha*
vulgaris, L.), 1 Taupe-Grillon (*Gryllotalpa gryllo-*

talpa [L.]) ; les Hannetons étaient assez nombreux, car nous avons compté 56 pygidiums.

En somme, nous avons constaté dans l'appareil digestif de ces 15 Effrayes communes, 47 Rongeurs et leurs débris, que voici : 1 Rat gris (*Mus norvegicus*, Erxleben), 7 Souris (*Mus* spec ?), 3 Campagnols amphibies (*Arvicola amphibius* [L.]), 29 Campagnols vulgaires (*Microtus arvalis* [Pall.]) et 8 autres Campagnols (*Microtus* spec?). En outre, nous avons rencontré 1 Musaraigne (*Sorex araneus*, L.), et 1 fois, de nombreux Hannetons vulgaires (*Melolontha vulgaris*, L., 56 pygidiums).

N'étant en possession que de 15 analyses stomacales, nous ne pouvons tirer de grandes conclusions ; nous nous bornons à constater que ce sont surtout les petits Rongeurs (*Murinæ* et *Microtinæ*) qui constituent la nourriture principale de 98 % des Effrayes examinées ; parfois la nourriture de cet Oiseau est constituée par des Insectes, des Hannetons, par exemple.

HIBOU BRACHYOTE (*Assio accipitrinus* [Pallas])

———

Le Hibou brachyote n'est pas un Oiseau de notre pays proprement dit. Il vient chez nous en automne, passe quelquefois l'hiver en assez grand nombre, et part aux mois de *mars* et *avril.* Il est très abondant chez nous, principalement pendant « les années à Campagnols », rendant de très grands services aux agriculteurs. Comme le Hibou brachyote ne vient chez nous qu'en automne et qu'il en repart au printemps, nous n'avons pu analyser l'appareil digestif que de 116 individus, tués de septembre à mars.

Dans l'appareil digestif de 28 Hiboux abattus en *septembre* nous n'avons constaté que des petits Rongeurs nuisibles, 23 fois. 4 fois nous avons trouvé des petits Rongeurs, des débris de Mollusques (*Limax* et *Arion*), des débris de chenilles et de larves de Zabres bossus (*Zabrus gibbus*, F.). 1 fois nous n'avons trouvé que peu de débris d'un petit Rongeur et des débris fortement macérés de 15 Limaciens, des débris de 9 larves de Zabres bossus (*Zabrus gibbus*, F.) et de 11 chenilles de Noctuelle (*Agrotis* spec?). Les petits Rongeurs étaient au nombre de 106 : 54 Campagnols vulgaires (*Microtus arvalis* [Pall.]), 13 Campagnols amphibies (*Arvicola amphibius* [L.]), 10 autres Campagnols (*Microtus* spec ? et *Arvicola* spec ?), 14 Souris des bois (*Mus sylvaticus*, L.), 2 Souris domestiques (*Mus musculus*, L.), 9 Rats gris (*Mus norvegicus*, Erxleben), 2 Souris (*Mus* spec?) et des débris de 3 petits Rongeurs (*Microtinæ? Murinæ?*) que nous ne pouvons déterminer exactement.

Tous les 23 Hiboux brachyotes, tués durant le mois d'*octobre*, avaient mangé des petits Rongeurs, mais 7 avaient mangé aussi des Mollusques (*Arion? Limax?*), dont nous avons trouvé les débris altérés, et des larves de Zabres bossus (*Zabrus gibbus*, F.) assez nombreuses quelquefois (36 larves, par exemple, chez un individu). Dans un tube digestif, nous avons constaté 4 Campagnols amphibies (*Arvicola amphibius* [L.]) et, dans un autre, 3 Campagnols amphibies et 2 Campagnols vulgaires (*Microtus arvalis* [Pall.]) pas trop macérés. En résumé, les 23 Hiboux brachyotes avaient mangé 76 petits Rongeurs : 22 Campagnols vulgaires (*Microtus arvalis* [Pall.]), 21 Campagnols amphibies (*Arvicola amphibius* [L.]), 14 autres Campagnols (*Microtus* spec ? et *Arvicola* spec ?), 9 Souris des bois (*Mus sylvaticus*, L.), 9 autres Souris (*Mus* spec?) et 1 Hamster (*Cricetus cricetus* [L.]).

Dans le mois de *novembre*, nous n'avons fait que 6 analyses. Nous avons trouvé dans l'appareil digestif, 6 fois des petits Rongeurs, 15 en tout (*Microtinæ* et *Murinæ*). 1 fois aussi, des débris d'un Oiseau, et 1 fois des débris de Poisson (*Cyprinidæ* [?]). Dans 3 appareils digestifs, nous avons constaté aussi des débris d'une chenille de Noctuelle (*Agrotis?*) et des larves de Zabres bossus (*Zabrus gibbus*, F.).

Dans l'appareil digestif d'une femelle tuée en *décembre*, nous avons vu quelques débris d'un Campagnol (*Arvicola* spec?) et des débris d'un Oiseau que nous croyons être un Pinson (*Fringilla* spec?).

L'appareil digestif d'une femelle tuée pendant le mois de *janvier* ne contenait que quelques restes d'un petit Rongeur (*Muridæ*) ; une autre femelle, tuée vers la fin du mois de *février*, avait mangé 2 Campagnols amphibies (*Arvicola amphibius* [L.]) et 1 Oiseau que nous croyons être un Merle noir (*Turdus merula*, L.).

Les 37 Hiboux tués pendant le mois de *mars* avaient mangé aussi des petits Rongeurs. Nous les avons observés dans tous les appareils digestifs analysés. 2 estomacs de Hiboux brachyotes contenaient aussi 2 jeunes petits Lièvres (*Lepus europœus*, Pall.) ; dans 3 appareils nous avons trouvé 3 Musaraignes (*Sorex araneus*, L. et *Sorex* spec?) et, dans 1 seul estomac, nous avons trouvé des débris d'une Taupe commune (*Talpa europœa*, L.) à côté de 3 Campagnols vulgaires (*Microtus arvalis* [Pall.]). Dans 11 appareils digestifs, nous avons vu aussi des débris d'Insectes plus ou moins nombreux, par exemple, des larves de Zabres bossus (*Zabrus gibbus*, F.), des chenilles de Noctuelles (*Agrotis? segetum*, Schiff.) et des restes très fins de chitines de Coléoptères.

Quant aux petits Rongeurs, ils étaient au nombre de 80 environ : 49 Campagnols vulgaires (*Microtus arvalis* [Pall.]), 9 Campagnols amphibies (*Arvicola amphibius* [L.]), 7 autres Campagnols (*Microtus* spec? et *Arvicola* spec?), 1 Rat gris (*Mus norvegicus*, Erxleben), 7 Souris (*Mus* spec ?) et à peu près 7 autres petits Rongeurs (*Microtinæ* ou *Murinæ*).

Les 19 Hiboux brachyotes tués pendant le mois d'*avril* avaient mangé en somme 55 petits Rongeurs (*Microtinœ* et *Murinœ*) et de nombreux Insectes. Dans 1 seul estomac, nous avons trouvé aussi 1 Musaraigne (*Sorex* spec?) et des débris d'un Oiseau, tout cela à côté d'une Souris des bois (*Mus sylvaticus*, L.). Quant aux Insectes, les larves de Zabres bossus (*Zabrus gibbus*, F.) et les chenilles de Noctuelles (*Agrotis segetum*, Schiff. et *Agrotis* spec. dif.) étaient les plus nombreuses. Mais nous avons trouvé aussi des fragments chitineux d'autres Insectes, surtout des Coléoptères, par exemple, des Hannetons communs (*Melolontha vulgaris*, L., 5 fois), de différents *Curculionidœ* (*Hylobius* spec?, *Sitona* spec. dif., *Cleonus* spec. dif.), de plusieurs *Chrysomelidœ*, de *Geotrupes* spec. dif. et de *Carabidœ* divers. Dans 1 estomac, nous avons trouvé des fragments d'une Lumbricide, dans 1 autre, 1 Julide (*Schizophyllum* spec?) et, dans le troisième, les débris d'environ 5 Arions ou Limaces.

Ces 116 Hiboux brachyotes renfermaient dans leur tube digestif des petits Rongeurs nuisibles : 335 Campagnols, Souris et Rats (*Microtinœ* et *Murinœ*) et 1 Hamster (*Cricetus cricetus* [L.]) ; chez 45 individus, nous avons trouvé aussi des Insectes plus ou moins nombreux, mais principalement des Insectes nuisibles et dangereux, tels des larves de Zabres bossus (*Zabrus gibbus*, F.), des chenilles de Noctuelles (*Agrotidœ*), des Hannetons (*Melolontha*), des Hylobes (*Hylobius*), etc...., cependant nous avons trouvé aussi parfois des formes utiles (*Carabidœ*). Dans 12 appareils digestifs, nous avons trouvé des Limaciens (*Arion*,

Limax), 1 fois, 1 Lumbricide (*Allolobophora* [*Lumbricus*] spec?), et 1 autre fois, 1 Julide.

Des Oiseaux furent rencontrés 4 fois (4 exemplaires) ; les Musaraignes (*Sorex araneus*, L. et *Sorex* spec?), 4 fois aussi (4 individus). Dans 1 estomac, nous avons trouvé 1 Taupe commune (*Talpa europœa*, L.). Du gibier fut mangé par 2 Hiboux brachyotes (2 petits Lièvres [*Lepus europœus*, Pall.]) et, dans 1 tube digestif, nous avons trouvé aussi des débris d'un Poisson (*Cyprinidœ* [*?*]).

Les résultats de nos analyses concordent avec ceux des travaux de CHERNEL, GRESCHICK, LEIZEWITZ, RŒRIG et autres. Ces auteurs, qui ont examiné un beaucoup plus grand nombre de Hiboux brachyotes que nous, ont constaté que la nourriture de ces Oiseaux comprenait plus de 99 % d'Animaux nuisibles. Mais nos résultats, comme ceux des auteurs cités, ne sont pas d'accord avec ceux des autopsies de LŒWIS (l. c.). Selon ce dernier, le Hibou brachyote capture, surtout en été et au moment de la ponte, des Oiseaux insectivores et du gibier à plumes, dans les Pays Baltiques. La différence entre nos résultats et les siens est due aux différences écologiques qui existent entre les régions où les études ont été faites, de même les différences de mode de vie de l'espèce dans ces deux régions (l'époque d'airation et l'époque de passage) ne sont pas les mêmes en Tchécoslovaquie que dans les Pays Baltiques. Mais il n'en est pas moins vrai que, chez nous, le Hibou brachyote rend de grands services, surtout à l'agriculture, en détruisant des Rongeurs nuisibles.

HIBOU VULGAIRE (*Asio otus* [Linné])

Le Hibou vulgaire est un Oiseau commun chez nous. Nous avons analysé le contenu de l'appareil digestif de 218 individus et 304 pelotes stomacales.

Dans le tube digestif de 41 Hiboux tués en *janvier*, nous avons constaté 41 fois des petits Rongeurs nuisibles, 1 fois aussi, 1 Musaraigne (*Sorex* spec.) et 1 fois, des débris d'un petit Oiseau granivore, que nous croyons être 1 Cochevis huppée (*Gallerida cristata* [L.]). L'estomac de cette Cochevis était rempli de petites graines de nombreuses plantes sauvages. Dans ces 41 appareils digestifs, nous avons compté 169 petits Rongeurs : 100 Campagnols vulgaires (*Microtus arvalis* [Pall.]), 17 Campagnols amphibies (*Arvicola amphibius* [L.]), 23 Campagnols des bois (*Evotomys glareolus*, Schreber), 5 autres Campagnols (*Microtus* spec? et *Arvicola* spec?) et 24 Souris (*Mus* spec?).

L'appareil digestif de 36 Hiboux abattus en *février* renfermait 5 Musaraignes (*Sorex araneus*, L. et *Sorex* spec.), 1 Pinson ordinaire (*Fringilla cœlebs* [L.]), 1 Loir (*Glis* spec?) et 126 Campagnols (*Microtinœ*) et Souris (*Murinœ*). Les Campagnols vulgaires (*Micro-*

tus arvalis [Pall.]) étaient les plus nombreux parmi les petits Rongeurs rencontrés, qui étaient au nombre de 76.

Les 27 Hiboux vulgaires tués pendant le mois de *mars* n'avaient mangé que des petits Rongeurs. Nous avons déterminé 59 Campagnols vulgaires (*Microtus arvalis* [Pall.]), 13 Campagnols amphibies (*Arvicola amphibius* [L.]), 11 Campagnols des bois (*Evotomys glareolus*, Schreber), 6 autres Campagnols (*Microtinæ*), 14 Souris des bois (*Mus sylvaticus*, L.), 9 Souris domestiques (*Mus musculus*, L.), 5 autres Souris (*Mus* spec?) et 5 Rats gris (*Mus norvegicus*, Erxleben), soit au total, 122 Rongeurs nuisibles.

Parmi les 26 Hiboux vulgaires tués pendant le mois d'*avril*, 19 n'avaient avalé que des Campagnols vulgaires (*Microtus arvalis* [Pall.]), 47 en tout ; 2 autres avaient mangé 2 Hamsters (*Cricetus cricetus* [L.]), un troisième avait pris un Ecureuil commun (*Sciurus vulgaris*, L.), le quatrième, 1 Spermophile (*Citellus citellus* [L.]), le cinquième, 1 Taupe commune (*Talpa europœa*, L.). 2 Hiboux vulgaires avaient mangé 2 jeunes petits Lièvres (*Lepus europœus*, Pall.).

La nourriture des 23 Hiboux vulgaires tués pendant le mois de *mai* est très variée : dans 14 appareils digestifs, nous avons constaté des petits Rongeurs (21 *Microtus arvalis* [Pall.], 9 *Arvicola* spec?, 1 *Mus musculus*, L., 6 *Mus norvegicus*, Erxleben, 4 *Mus* spec?, au total, 41 petits Rongeurs nuisibles), et des débris plus ou moins nombreux d'Insectes, surtout de Hannetons (*Melolontha vulgaris*, L.). Nous avons trouvé, par exemple, 13 Hannetons plus ou moins macérés, dans 1 seul estomac. 2 Hiboux avaient mangé 2 Hamsters (*Cricetus cricetus* [L.]) et 38 Taupes-Grillons (*Gryllotalpa gryllotalpa* [L.]). 1 estomac contenait les débris d'une Chauve-Souris (*Vespertilionidæ*), 1 autre estomac, 1 Murin (*Vespertilio murinus*, L.) et les débris de 3 Musaraignes (*Sorex* spec?). Dans 1 estomac nous avons trouvé les restes d'un Serpent (*Ophidia*), dans 1 autre, 2 Grenouilles vertes (*Rana esculenta*, L.). 1 appareil digestif renfermait les débris de 4 jeunes Oiseaux. Mais la plus grande partie des Hiboux vulgaires (18) avait mangé de nombreux Insectes variés, surtout des Hannetons. Ainsi nous en avons compté, dans un premier estomac 3 pygidiums, dans un second 26, dans un troisième 7, et dans un quatrième, 81. L'appareil digestif de 2 Hiboux vulgaires ne renfermait que des débris d'Insectes. Parmi les Insectes trouvés dans les appareils digestifs, nous n'avons pu déterminer que les espèces suivantes, à tégument et élytres résistants : des Hannetons (*Melolontha vulgaris*, L. et *Melolontha hippocastani*, F.), différentes espèces de *Geotrupes* et autres *Geotrupini* surtout, des Taupes-Grillons (*Gryllotalpa gryllotalpa* [L.]), par exemple, des débris de 11 individus dans 1 seul estomac. Nous avons trouvé aussi des fragments d'imagos de Lépidoptères, des débris de peaux de larves et de chenilles et des restes très fins d'autres nombreux Insectes que nous n'avons pu déterminer exactement.

Au cours du mois de *juin*, nous n'avons analysé que 8 appareils digestifs. Dans les 4 premiers, nous avons trouvé 4 pelotes stomacales contenant des débris de 11 petits Rongeurs nuisibles (*Microtinæ* et *Murinæ*) et des fragments chitineux d'Insectes. 1 femelle tuée au commencement du mois de juin n'avait mangé que des Hannetons communs (*Melolontha vulgaris*, L.), nous avons trouvé dans son appareil digestif les débris de 79 de ces Hannetons et ceux d'un grand Carabe (*Carabus* spec ?). 1 autre femelle renfermait dans son appareil digestif 2 Campagnols vulgaires (*Microtus arvalis* [Pall.]) et 17 peaux de chenilles de Noctuelle (*Agrotis* spec?), des débris chitineux de Coléoptères et de *Geocoridæ*. 2 mâles avaient mangé 3 Campagnols vulgaires (*Microtus arvalis* [Pall.]), 1 Souris (*Mus* spec ?), 3 Taupes-Grillons (*Gryllotalpa gryllotalpa* [L.]) et 3 ou 4 Sauterelles (*Locustidæ*).

Quatre Hiboux vulgaires, tués au mois de *juillet*, n'avaient mangé que des Rongeurs : 1 Hamster (*Cricetus cricetus* [L.]), 1 Spermophil (*Citellus citellus* [L.]), 2 Campagnols et 2 Souris (*Microtinæ* et *Murinæ*) dont nous n'avons trouvé que des débris fortement macérés, à cause de cela nous n'avons pu les déterminer exactement. L'estomac d'une femelle qui avait mangé 4 Souris (*Mus* spec?) renfermait aussi de nombreux débris de chenilles provenant, nous pensons, de Noctuelles (*Noctuæ*) vivant dans la terre des champs.

L'appareil digestif de 13 Hiboux vulgaires, tués pendant le mois d'*août*, renfermait la nourriture suivante : 2 très jeunes Lièvres (*Lepus europœus*, Pall.), 1 Grenouille (*Rana* spec?), 1 Taupe commune (*Talpa europœa*, L.), 1 Lézard (*Lacerta* spec ?), 2 Oiseaux (1 *Turdus merula*, L., 1 *Parus* spec?),

23 Campagnols (*Microtus arvalis* [Pall.], *Microtus* spec? et *Arvicola* spec?), 4 Souris (*Mus* spec?); 1 estomac ne contenait que quelques poils et quelques fragments d'os d'un petit Rongeur (*Muridœ*), à côté d'une grande quantité de débris d'imagos d'un Lépidoptère crépusculaire, que nous croyons être le Sphynx du Pin (*Sphinx pinastri*, L.).

Dans l'appareil digestif de 20 Hiboux vulgaires, tués en *septembre*, nous n'avons rencontré que des débris (quelques poils et des fragments d'os) de petits Rongeurs nuisibles (*Muridœ*). Dans 4 autres appareils nous avons trouvé 1 Musaraigne (*Sorex* spec?), 1 Grenouille (*Rana* spec?), 1 Merle noir (*Turdus merula*, L.), 2 Campagnols vulgaires (*Microtus arvalis* [Pall.]).

Pour le mois d'*octobre*, nous ne sommes en possession que des analyses de 4 appareils digestifs. 2 renfermaient des débris de petits Rongeurs (*Muridœ*), 1 autre était rempli de plumes blanches et noires et, dans le dernier, nous avons trouvé 3 Taupes-Grillons (*Gryllotalpa gryllotalpa* [L.]) et des débris de Sauterelles (*Locustidœ*) et leurs œufs.

Parmi les 10 Hiboux vulgaires tués au mois de *novembre*, 7 n'avaient mangé que des petits Rongeurs; c'étaient 13 Campagnols vulgaires (*Microtus arvalis* [Pall.]), 5 Campagnols amphibies (*Arvicola amphibius* [L.]), 4 autres Campagnols (*Microtus* spec? et *Arvicola* spec?) et 6 Souris (*Mus* spec?). Dans 1 estomac, nous avons trouvé 1 Campagnol vulgaire et 1 Musaraigne (*Sorex araneus*, L.); dans un autre, des débris d'un petit Rongeur (*Muridœ*) et beaucoup de restes très fins de chitines de Coléoptères et, dans le troisième estomac, nous avons trouvé une pelote renfermant des débris d'un petit Rongeur (*Muridœ*) et de 2 petits Oiseaux. En somme, nous avons rencontré 31 petits Rongeurs (*Murinœ* et *Microtinœ*), 1 Musaraigne (*Sorex araneus*, L.), 2 Oiseaux et des débris d'Insectes constatés dans tous les 10 appareils.

Un Hibou, tué au mois de *décembre*, avait mangé 1 Campagnol vulgaire (*Microtus arvalis* [Pall.]) ; l'appareil digestif d'un autre Hibou contenait une pelote comprenant des débris d'une Musaraigne (*Sorex* spec ?) et d'un Campagnol (*Arvicola* spec ?), puis 1 Campagnol vulgaire (*Microtus arvalis* [Pall.]), 2 têtes appartenant à la même espèce et 1 Musaraigne (*Sorex araneus*, L.).

Les résultats de ces autopsies prouvent bien que le Hibou vulgaire est un très grand destructeur des petits Rongeurs nuisibles et qu'en même temps il tue de nombreux Insectes. Parmi les 218 individus examinés, 190 (87 %) avaient capturé en tout 619 petits Rongeurs (*Murinœ* et *Microtinœ*). En outre, 5 Hiboux avaient mangé chacun 1 Hamster (*Cricetus cricetus* [L.]) ; 2 autres avaient avalé chacun 1 Spermophil (*Citellus citellus* [L.]) ; enfin, chez 1 individu, nous avons trouvé 1 Ecureuil (*Sciurus vulgaris*, L.) et, chez un autre, 1 Loir (*Glis* spec ?). Soit au total 628 Rongeurs nuisibles, parmi les 667 Vertébrés rencontrés dans l'appareil digestif des 218 Hiboux disséqués.

Les Rongeurs nuisibles représentent donc 94 % de tous les Vertébrés mangés.

Nous avons trouvé aussi des Insectes dans 33 tubes digestifs; certains sont utiles, par exemple les Carabes, mais la plupart sont des formes nuisibles et même dangereuses : Hannetons, Taupes-Grillons, etc... Non seulement les Insectes volants sont capturés par les Hiboux vulgaires, mais aussi les chenilles vivant dans la terre des champs et nuisibles aux cultures agricoles. Les Hiboux détruisent les Insectes durant toute l'année, même en hiver et en automne, mais principalement au printemps.

Ont été observés : 13 Musaraignes (*Sorex araneus*, L. et *Sorex* spec?) dans 9 tubes digestifs, 2 Taupes communes (*Talpa europœa*, L.) chez 2 individus et 2 Chauve-Souris (*Vespertilionidœ*) dans 2 estomacs. Dans 3 appareils digestifs, nous avons trouvé 4 Grenouilles (*Rana esculenta*, L. et *Rana* spec?); 1 estomac renfermait des débris d'un Serpent (*Ophidia*) et un autre, 1 Lézard (*Lacerta* spec?). Nous avons rencontré 12 Oiseaux dans 9 tubes digestifs; ces Oiseaux avaient été surtout attrapés au printemps. Nous avons trouvé aussi, 3 fois, du gibier (4 jeunes petits Lièvres (*Lepus europœus*, Pall.); soit au total, 39 Vertébrés.

Nous avons eu l'occasion de ramasser, durant les mois de *mai, juin* et *juillet* 1925, de nombreuses pelotes stomacales de Hiboux vulgaires, dans le canton forestier (700 hectares) de Stara Voda-Kratonohy, près de Chlumec - sur - Cidlina (Bohême). La forêt de ce canton se compose de taillis sous futaie, excepté quelques peuplements d'Epicéas (*Abies excelsa*, D. C.) et de Pins sylvestres (*Pinus silvestris*, L.). Il faut ajouter que dans ce canton on fait un élevage de gibier, surtout de Faisans et de Lièvres. On y tue chaque année, au fusil, 100 à 120 coqs de Faisans (*Phasianu. colchicus*, L.), 80 à 100 Lièvres (*Lepus europœus.* Pall.).

Dans le peuplement d'Epicéas nous avons ramassé, au mois de *mai* 39 pelotes stomacales, au mois de *juin* 123 et, au mois de *juillet* 142, soit en tout 304 pelotes. Les ayant analysé, nous avons compté 537 Vertébrés différents ; de plus, des débris d'Insectes existaient dans presque toutes les pelotes. Les petits Rongeurs représentaient la presque totalité des Vertébrés, soit 96 %. Nous avons rencontré 515 petits Rongeurs nuisibles, comme des *Sciurinœ* (*Sciurus vulgaris*, L. et *Citellus citellus* [L.]) et des *Muridœ* (*Murinœ, Cricetinœ* [*Cricetus cricetus* (L.)] et *Microtinœ*).

De tous ces résultats, nous concluons que le Hibou vulgaire rend à notre agriculture et sylviculture d'immenses services, en détruisant les Rongeurs et les Insectes nuisibles. Ces services sont beaucoup plus grands que les quelques dégâts causés par cette espèce, parmi les Oiseaux, le gibier, etc...

GRAND-DUC (*Bubo bubo* [Linné])

Le Grand-duc est assez rare chez nous, quoiqu'il
aire dans presque toutes les parties de notre Pays (voir
Capek, Fritsch, Loos, Princ, Sir, Talsky, l. c.).
C'est pourquoi on réclame chez nous de plus en plus
la protection de « ce Roi de nuit » et c'est pourquoi
aussi il est déjà protégé par les forestiers, même par
ceux qui sont éleveurs de gibier. A cause de cela nous
n'avons pu disséquer, durant les années 1920 à 1927,
que 8 appareils digestifs de Grands-ducs, tués soit
vers la fin de l'hiver, soit au commencement du
printemps.

Dans 2 tubes digestifs, nous avons constaté des
débris de 3 Corbeaux (*Corvus* spec?) et de 21 Campagnols (*Microtinœ*) et Souris (*Murinœ*). Dans un
autre, nous avons trouvé les débris d'un Corbeau freux
(*Corvus frugilegus*, L.), 1 Campagnol terrestre (*Arvicola terrestris* [L.]) et les restes d'un Ecureuil
commun (*Sciurus vulgaris*, L.). Un quatrième appareil
contenait des fragments de grands os et les poils
grisâtres qui avaient dû appartenir à 1 Lièvre (*Lepus
europœus*, Pall.), des débris d'une Pie ordinaire (*Pica
pica* [L.]) et les restes d'un Campagnol (*Arvicola*

spec?). Un cinquième individu avait mangé 3 Rats gris (*Mus norvegicus*, Erxleben), 1 Campagnol (*Arvicola* spec ?) et 1 Pic (*Dendrocopus* spec ?). Enfin, 3 appareils digestifs renfermaient 3 Campagnols terrestres (*Arvicola terrestris* [L.]), 1 Rat gris (*Mus norvagicus*, Erxleben), 3 Pies ordinaires (*Pica pica* [L.]) et 3 Geais ordinaires (*Garrulus glandarius* [L.]).

Au total, nous avons trouvé dans l'appareil digestif de 8 Grands-ducs : 31 Rongeurs nuisibles (*Microtinæ* et *Murinæ*), 1 Ecureuil (*Sciurus vulgaris*, L.), 1 Lièvre commun (*Lepus europæus*, Pall.), 4 Corbeaux (*Corvus* spec. dif.), 4 Pies ordinaires (*Pica pica* [L.]), 3 Geais ordinaires (*Garrulus glandarius* [L.]) et 1 Pic (*Dendrocopus* spec?).

Ces quelques analyses ne nous permettent pas de tirer de grandes conclusions, nous constatons pourtant que la nourriture de ces Grands-ducs se compose en majorité d'Animaux nuisibles. Si l'on tient compte que les Corbeaux, les Geais et les Pies sont des formes qui détruisent du gibier et des Passereaux, on peut dire que les Grands-ducs examinés n'avaient tué que des Animaux nuisibles.

CORBEAU CORNEILLE (*Corvus corone,* Linné)

Le Corbeau corneille est beaucoup plus rare chez nous que le Corbeau mantelé (*Corvus cornix,* L.). JANDA et ZDOBNICKY (l. c.), et d'autres auteurs, trouvent que le Corbeau corneille, ainsi que le Corbeau freux (*Corvus frugilegus,* L.), sont beaucoup plus rares en Moravie que le Corbeau mantelé. Comme nous avons travaillé en Moravie, nous n'avons pu examiner que 19 appareils digestifs de Corbeaux corneilles.

Durant le mois de *janvier,* nous avons examiné le contenu de l'appareil digestif de 9 individus. 1 appareil renfermait une nourriture très hétérogène, composée d'excréments de Cheval, d'abbatis, etc., ramassés aux environs des villages, des villes et sur les routes, pendant les époques de grand froid, alors que la campagne était couverte de neige. Les 8 autres Corbeaux avaient cherché leur nourriture dans la campagne. Cette nourriture se compose, dans sa plus grande partie, de grains de Céréales non germés [Blé (*Triticum*), Seigle (*Secale cereale,* L.), Orge cultivé (*Hordeum*), Maïs (*Zeas Maïs,* L.)], et même des grains de Pois (*Pisum arvense,* L.), etc... ramassés soit dans les chaumes non encore labourés, soit aux environs des granges et des meules, ou sur les emblavures mal hersées. Nous avons constaté une fois des fragments de tubercules de Pommes de terre (*Solanum tuberosum*, L.). A côté de cette nourriture, nous avons trouvé dans tous les appareils digestifs des graines de plantes non cultivées, et de mauvaises herbes, mais moins nombreuses que les grains de Céréales; également des fragments de feuilles de plantes herbacées et de culture dans les estomacs de 4 Corbeaux. Un appareil contenait des fragments de glands de Chêne (*Quercus* spec?) à côté de fins débris de Coléoptères.

La nourriture animale trouvée dans 4 appareils digestifs était représentée par des fragments très fins de Coléoptères (*Carabus cancelatus*, F., *Sitona lineatus*, L., et *Sitona* spec. dif., déterm. M. FLEISCHER), par des restes de larves de Coléoptères (*Zabrus gibbus*, F., et différents *Elateridæ*), par des débris d'Arions et Limaces et par des fragments de coquille de petits Gastropodes, ces derniers trouvés en abondance dans 2 estomacs.

Dans l'appareil digestif de 2 Corbeaux corneilles tués au mois de *février*, nous avons observé la nourriture suivante : 1° de nombreux fragments de grains de Blé à côté de quelques débris de graines de plantes non cultivées et de restes très fins et peu nombreux de Coléoptères; 2° très peu de fragments de grains d'Orge, de grains de Robiniers (*Robinia Pseudo-Acacia*, L.) trouvés à côté des restes d'environ 20 larves de Zabres bossus (*Zabrus gibbus*, F.), et de larves de Taupin (*Elateridæ*), de peaux de chenilles de Noctuelles (*Agrotis*) et de nombreux et très petits fragments de Coléoptères (*Carabidæ* et *Curculionidæ*).

Le tube digestif de 2 Corbeaux corneilles tués pendant le mois de *mars*, en Bohême, renfermait des larves de Taupin (*Agriotes* spec. dif.), des peaux fortement macérées de chenilles de Noctuelles (*Agrotidæ*), de nombreux débris très fortement macérés de Coléoptères et des fragments de coquilles de tout petits *Gastropodes*. Nous avons trouvé toute cette nourriture à côté de quelques débris végétaux. Parmi les petits fragments de chitine, M. Fleischer nous a déterminé des débris de Carabides et de Cureulionides.

Dans l'appareil digestif de 2 Corbeaux corneilles, tués pendant le mois *d'avril*, nous avons rencontré la nourriture suivante : 1° 12 larves de Taupins (*Agriotes* spec?), 15 larves de Zabres bossus (*Zabrus gibbus*, F.), 17 larves de Hannetons (*Melolontha*) et 23 larves de Noctuelles des moissons (*Agrotis segetum*, Schiff.) ; 2° le deuxième appareil renfermait 1 larve « Fil de fer » (*Agriotes* spec?), 15 peaux de chenilles de Noctuelles (*Agriotes? segetum*, Schiff.) et de nombreux fragments chitineux d'Insectes, surtout de Coléoptères, parmi lesquels les petits Charançons (*Curculionidæ*) étaient les plus nombreux. Dans ces 2 appareils digestifs, nous avons constaté aussi un peu de nourriture végétale : quelques fragments de grains de Blé, fragments de feuilles de plantes herbacées, cultivées ou sauvages.

Le tube digestif d'un Corbeau corneille tué au mois de *juin* tout près de Brno, renfermait une larve de Taupin des moissons (*Agriotes lineatus*, L.), des fragments de peaux très macérées de chenilles poilues que nous n'avons pu déterminer exactement, un Carabe (*Carabus cancelatus*, F.) et des fragments très nombreux de Sylphes (*Silpha* [*Blitophaga*] *obscura*, L.) et d'autres fragments de Coléoptères. La nourriture végétale était représentée par un noyau de Cerise (*Cerasus* spec?).

L'estomac d'un jeune Corbeau corneille tué au mois de *septembre*, renfermait quelques grains de Blé, des débris de fruits que nous croyons être ceux de Prunes (*Prunus* spec?) et de nombreux fragments très fins de tout petits Charançons (*Curculonidæ*) à côté des restes d'un Campagnol vulgaire (*Microtus arvalis* [Pall.]).

L'appareil digestif d'un Corbeau corneille tué au mois d'*octobre*, contenait 9 grains de Maïs, de nombreux fragments de larves d'Insectes très macérés et que nous n'avons pu déterminer exactement, et des débris de Forficules. Ces derniers étaient aussi très nombreux, car nous avons compté 99 pinces.

Dans l'appareil digestif d'un Corbeau corneille tué au mois de *novembre*, nous n'avons rencontré que quelques restes de peaux de chenilles poilues, des fragments de Coléoptères, de Lichens, de Mousse, et des aiguilles de Conifère.

Dans tous ces appareils digestifs, nous avons trouvé aussi des cailloux, du sable et autres matériaux minéraux, ou métalliques, par exemple, des petites boules de fer, des fragments de fil de fer, etc...

Les 19 appareils digestifs disséqués renfermaient

aussi de la nourriture végétale, et 15 seulement de la nourriture animale. Comme nourriture végétale nous avons constaté 14 fois des grains de Céréales récoltés en une quantité plus ou moins grande pendant toute l'année, mais nous n'avons jamais trouvé de grains en germination. Dans 9 appareils, nous avons trouvé des graines de plantes non cultivées, et de mauvaises herbes avalées par les Corbeaux tués dans les mois de janvier et février. Des fragments des parties végétatives de différentes plantes furent constatés 8 fois, à toutes les époques de l'année, mais aux mois de janvier, mars et avril, ils se trouvaient en plus grand nombre. Nous avons trouvé 2 fois des graines d'arbres forestiers et de verger, et 1 fois des déchets végétaux.

La nourriture animale est représentée surtout par des Insectes, qui sont mangés en nombre considérable pendant toute l'année; nous avons trouvé ces animaux dans 15 appareils digestifs, et en assez grand nombre quelquefois. Chez 4 Corbeaux tués en janvier et en mars, nous avons aussi trouvé différents Mollusques. Un Corbeau corneille abattu au mois de septembre avait mangé 1 Campagnol, un autre, examiné au mois de janvier, pendant les grands froids, était devenu charognard : il avait mangé des déchets d'Animaux en putréfaction.

On ne peut tirer de conclusions générales de ces analyses peu nombreuses, et nous nous bornons à constater que le Corbeau corneille est un Oiseau omnivore, ressemblant beaucoup, au point de vue de la nourriture, au Corbeau mantelé.

CORBEAU MANTELÉ (*Corvus cornix*, Linné)

Le Corbeau mantelé est bien connu dans toute la Tchécoslovaquie, il niche surtout dans la partie Est du pays, tandis que le Corbeau corneille (*Corvus corone*, L.) niche de préférence dans la région occidentale de la Bohême. Nous avons analysé le contenu de l'appareil digestif de 468 Corbeaux mantelés.

Parmi les 47 individus tués durant le mois de *janvier* (de 1922 à 1927), 16 ne renfermaient, dans leur appareil digestif, que des excréments de Chevaux et autres déchets ramassés dans les tas de fumier et sur les routes, pendant les dures journées d'Hiver. Deux de ces Corbeaux avaient mangé aussi des œufs de Bombyces livrées (*Gastropacha neustria*, L.). Dans un estomac, nous avons trouvé des fragments d'environ 16 bagues d'œufs de Bombyces livrées.

Les 31 autres Corbeaux mantelés se divisent en deux groupes, suivant la nourriture constatée dans les appareils digestifs. Le premier groupe ne comprenait que 11 Corbeaux, qui n'avaient mangé que des grains de Céréales (Blé, Seigle, Orge, Avoine [*Avena sativa*, L.], Maïs [*Zea maïs*, L.] et de Millet [*Panicum miliaceum*, L.]), à côté de quelques fragments de feuilles d'herbes ou de jeunes pousses de Céréales. Nous croyons que la plus grande partie de cette nourriture avait été prise dans les champs non encore labourés, ou provenant de grains perdus au moment de la dernière récolte, car la plupart de tous les grains d'Orge et d'Avoine étaient déjà plus ou moins noirs. Mais nous n'avons pas du tout observé de graines de plantes non cultivées.

La nourriture du deuxième groupe, représenté par 20 individus, se composait aussi de grains de Céréales (Blé, Seigle, Orge, Avoine, Maïs) assez peu nombreux, de fragments de tubercules de Pommes de terre, de graines de plantes non cultivées et de graines de mauvaises herbes. Ces deux dernières sortes de graines étaient quelquefois assez nombreuses. A côté de cette nourriture, nous avons trouvé quelques fragments de feuilles vertes de plantes, et de la nourriture animale en abondance. Cette dernière était représentée surtout par des larves de Zabre bossu (*Zabrus gibbus*, F.), dont nous avons constaté, par exemple, 5, 23, 29, 56, 71 individus dans chaque estomac, des coquilles de petits Mollusques (par exemple 13, 21, 37, 39, 46, 76, 93, etc., coquilles, dans chaque estomac) trouvées à côté de larves de Taupins (*Elateridæ* [6 fois]), de peaux de chenilles de Noctuelles (*Agrotidæ* [4 fois]), de peaux de chenilles poilues fortement macérées (6 fois : 27, 46, 49, 72, 81 et 82 chenilles dans chaque estomac). Nous croyons qu'il s'agit ici de chenilles de Bombyces du Pin (*Gastropacha pini*, Ochsh.). Le tube digestif de 4 Corbeaux tués dans

les cantons forestiers attaqués par la Noctuelle piniperde (*Panolis piniperda*, Panz.) renfermait des fragments très nombreux de chrysalides plus ou moins
macérées de cette espèce, et des cocons de Tenthrèdes
(*Tenthredinidæ*). Nous avons aussi constaté, dans la
plupart de ces appareils digestifs, des fragments de
Coléoptères différents, plus ou moins nombreux, et
presque toujours fortement macérés. Nous avons
reconnu 9 fois des fragments de différents *Curculionidæ*, surtout de *Sitona* spec. dif. (4 fois) et 2 fois
des débris de petits Carabes (*Carabidæ*). M. FLEIS-
CHER nous a volontiers déterminé les espèces suivantes:
Phytomus? punctata, F., *Sitona lineatus*, L., et 1 *Carabus cancelatus*, F. Deux appareils digestifs de Corbeaux mantelés contenaient des œufs de Bombyces
livrées (*Gastropacha neustria*, L.). Dans 11 tubes
digestifs, nous avons constaté des débris de petits
Rongeurs (*Microtinœ* et *Murinœ*) et aussi, dans un
estomac, les débris d'une Perdrix grise (*Perdix
perdix* [L.]).

Les Corbeaux mantelés tués pendant le mois de
février avaient cherché leur nourriture dans les
champs et dans les forêts. Nous avons disséqué 37 Corbeaux. 11 appareils digestifs renfermaient beaucoup
plus de nourriture végétale que de nourriture animale.
Les 26 autres Corbeaux étaient plus carnivores et
insectivores que granivores et phytophagues. La nour-
ture végétale était représentée par des grains de
Céréales, observés chez les 26 individus, mais jamais
très nombreux. Ce n'étaient jamais non plus des
grains en germination. Nous avons rencontré aussi
une fois 12 graines de Vigne (*Vitis vinifera*, L., déterm.

M. APPL), puis des petites graines de plantes non cultivées, de mauvaises herbes et de différentes espèces forestières, beaucoup plus nombreuses que celles des Céréales. Nous avons constaté ces petites graines de plantes non cultivées dans tous les 37 appareils digestifs. Nous avons trouvé 16 fois des fragments de glands de Chêne (*Quercus* spec?) surtout dans le tube digestif des Corbeaux tués pendant l'année 1927, car les glands furent abondants en 1926. Nous avons constaté aussi, en nombre plus ou moins grand, des graines de Charme (*Carpinus Betulus*, L.), de Robinier (*Robinia Pseudo-Acacia*, L.), de Poirier sauvage (*Pirus communis*, L.), de Cornouiller mâle et de Cornouiller sanguin (*Cornus mas*, L., et *C. sanguinea*, L.) ; de Folle-Avoine (*Avena fatua*, L.), de Rubanier (*Sparganium* spec?). de Vesces (*Vicia hirsuta* Koch., et *Vicia*, spec. dif., déterminées par M. APPL), de Troëne (*Ligustrum vulgare*, L.), de Rosier (*Rosa* spec?), de Traînasse (*Polygonum aviculare*, L.), de Ronce (*Rubus* spec. dif.) ; de Morelle noire (*Solanum nigrum*, L.), de Ravenelle (*Raphanus Raphaniastrum*, L.), de Patience (*Rumex* spec. dif.), de *Chenopodium* spec. dif., etc... (les quatre dernières déterminées par M. APPL). A côté de cette nourriture, nous avons trouvé, dans tous les appareils disséqués, des fragments de feuilles vertes et sèches, d'Herbacées sauvages, des pousses de Céréales et des fragments de feuilles d'arbres forestiers.

Les Insectes et les Arthropodes que nous avons trouvés dans 37 appareils digestifs, sont surtout représentés par des larves de Zabre bossu (*Zabrus gib-*

bus, F.), de Bibionides, de Pachyrrhines et de Tipulides, d'Elatères, que nous avons trouvées plus ou moins nombreuses dans tous ces appareils. Dans un seul estomac, nous avons constaté des débris de plus de 300 larves ci-dessus nommées. Les larves de Hanneton (*Melolontha*, spec?) et celles de *Curculionidœ*, ainsi que les chenilles vivant dans la terre, étaient moins nombreuses que celles de Zabre bossu, de Bibionides et de Tipulides. Un estomac contenait aussi de nombreux fragments de très petites chrysalides brunes, ressemblant à des grains de Millet, et fortement macérées; une espèce de Diptères que nous croyons appartenir au genre *Oscinis*. Nous avons constaté aussi très souvent des fragments chitineux de Coléoptères, par exemple de Carabides, et surtout de *Curculionidœ* différents, parmi lesquels de petites espèces, comme les *Sitona*, spec. dif., représentent la majorité. Nous avons trouvé une fois, dans un estomac, des imagos de Hanneton commun (*Melolontha vulgaris*, L.); 21 appareils digestifs contenaient aussi des débris plus ou moins nombreux (de 3 à 27) d'Arions ou de Limaces, et des fragments de coquilles de Mollusques. 18 estomacs renfermaient aussi des débris de petits Rongeurs (*Microtinœ* et *Murinœ*).

24 appareils digestifs de Corbeaux mantelés tués pendant le mois de *mars* renfermaient plus de nourriture végétale que de nourriture animale, et l'appareil digestif de 24 autres Corbeaux, abattus à la même époque, contenait plus de nourriture animale que de nourriture végétale. Un autre appareil digestif ne renfermait que de la nourriture végétale (6 gr. 48 de

grains d'Orge) et 2 autres ne contenaient que les débris d'Insectes nombreux et différents; en tout, nous avons trouvé de la nourriture végétale 49 fois, et de la nourriture animale 50 fois, chez 51 Corbeaux disséqués.

La nourriture végétale était représentée 49 fois par des grains de Céréales; ce sont les grains d'Orge qui étaient trouvés le plus souvent en assez grand nombre; les grains de Blé et d'Avoine étaient moins abondants que les précédents; nous n'avons jamais trouvé avec eux de graines de plantes non cultivées, ni des graines de mauvaises herbes. Nous ajoutons que nous n'avons jamais rencontré de grains de Céréales germés. Dans 4 appareils digestifs, des fragments de feuilles représentaient la plus grande partie de la nourriture, nous en avons trouvé d'ailleurs dans 49 appareils, à côté d'autre nourriture. Les estomacs de 9 Corbeaux contenaient aussi des fragments de glands de Chêne (*Quercus* spec?) avec d'autre nourriture.

La majorité de la nourriture animale était représentée par des Insectes, que nous avons observés dans 50 appareils digestifs. Nous avons trouvé aussi des Mollusques (*Arion, Limax* et autres Limaciens) plus ou moins macérés dans 25 appareils digestifs. Dans 14 estomacs nous avons vu des fragments de coquilles d'Escargots. 17 Corbeaux mantelés avaient mangé aussi des Campagnols et des Souris (*Microtinœ* et *Murinœ*), et dans 7 appareils digestifs nous avons trouvé 7 petits Lièvres encore tout jeunes (*Lepus europœus*, Pall.) Nous avons vu aussi une fois les débris d'une Musaraigne (*Sorex* spec?). Nous avons toujours observé des Mollusques, des petits Rongeurs et de jeunes Lièvres à côté de la nourriture végétale et des Insectes.

Parmi les Insectes, ce sont les espèces vivant dans le sol qui étaient les plus nombreuses et furent trouvées le plus souvent. Par exemple, les larves de Zabre bossu (*Zabrus gibbus*, F.), des larves de Taupins (*Elateridæ*), de *Bibionidæ*, de *Tipulidæ*, et des chenilles de différentes Noctuelles, surtout de Noctuelle des moissons (*Agrotis segetum* Schiff.) étaient les plus nombreuses; nous avons rencontré ces animaux en assez grand nombre dans tous les appareils digestifs; ainsi, dans un seul estomac, nous avons compté 120 larves de Zabre bossu, et dans un autre, 150 larves de *Bibio* spec? Les larves de Hanneton (*Melolontha*) et celles de Charançon (*Curculionidæ*) étaient moins nombreuses (31 larves de Hanneton et 27 larves de Charançon comme maximum dans un estomac). Nous n'avons constaté que 8 fois des larves de Hanneton et que 16 fois des larves de Charançon. Parmi les imagos des Coléoptères, nous avons trouvé les espèces suivantes : 5 fois des Hylobes du Pin (*Hylobius abietis*, L. [13 Hylobes au maximum dans un estomac]), dans 39 appareils digestifs, des *Sitona lineatus*, L., quelquefois assez nombreux (28 *Sitona* dans un seul estomac), dans 8 estomacs 8 Hannetons communs (*Melolontha vulgaris*, L.), dans 5 estomacs des débris d'environ 5 à 6 *Coccinellidæ*, dans 8 estomacs de nombreux débris de Chrysomeles (*Chrysomelidæ*). Par exemple, dans un seul estomac, nous avons trouvé 12 Chrysoméles du Tremble (*Melasoma tremulæ*, F.), et 2 Galeruques (*Galeruca tanaceti*, L.).

Dans 19 estomacs, nous avons trouvé aussi des débris d'Altises (*Halticinœ*) et une fois 8 Atomaires linéaires (*Atomaria linearis*, Steph.) presque intacts encore. Mais nous avons observé le plus souvent, et en plus grand nombre, des fragments de différentes espèces d'imagos de Charançon (*Curculionidœ : Anthonomus* spec. dif., *Otiorrhynchus* spec. dif., *Ceutorrhynchus* spec. dif., *Phyllobius* spec. dif., *Sitona* spec. dif. et des autres). Il y avait aussi des fragments de petits Carabes (*Carabidœ*) quelquefois très nombreux, trouvés dans 24 appareils digestifs. M. FLEISCHER nous a déterminé les débris très réduits des espèces suivantes : *Galeruca tanaceti*, L. et *Sitona* spec., à côté de nombreux fragments de grands et petits *Curculionidœ*; un *Carabus cancelatus*, F., à côté de très nombreux *Harpalus* spec?; de nombreux *Aphodius fimetarius*, L., *Amara familiaris*, Duft., l'Opâtre des Sables (*Opatrum sabulosum*, L.) à côté d'autres *Tenebrionidœ*.

A côté des nombreux Insectes ci-dessus nommés, nous avons trouvé 2 fois des fragments de Lumbricides, 13 fois des débris d'Araignées (*Araneœ*), 18 fois des fragments assez nombreux de Diplopodes (*Schizophyllum sabulosum*, L.), et de Chilopodes (*Lithobius* spec?), 9 fois des fragments de chrysalides de Lépidoptères, 24 fois des débris de Forficules quelquefois assez nombreux (8 à 96 pinces dans un estomac), 1 fois 11 larves de Tenthrèdes et 13 fois des fragments de différentes Fourmis.

11 Corbeaux mantelés tués pendant le mois d'*avril* avaient absorbé surtout de la nourriture végétale, tandis que 26 autres avaient mangé plus de nourriture animale que de nourriture végétale.

La nourriture végétale de ces 37 appareils digestifs ne se composait que de grains de Céréales, surtout des grains d'Orge et de Blé, jamais germés. Dans 3 estomacs nous avons trouvé aussi quelques fragments de feuilles de plantes herbacées et des pousses de Céréales. Nous n'avons pas rencontré une seule fois de graines de plantes non cultivées ou de mauvaises herbes.

La nourriture animale était surtout composée d'Insectes et de nombreux Arthropodes. Nous avons vu ces derniers dans les 37 appareils digestifs. Nous avons trouvé 8 fois des Arions et des Limaces (19 Arions et Limaces dans un seul estomac, au maximum) et 10 fois des coquilles brisées de différents Mollusques. Dans un seul estomac nous avons compté des fragments de plus de 50 coquilles, petites et grandes. Des Campagnols (*Microtinæ*) avaient été mangés par 5 Corneilles; dans 2 estomacs nous avons trouvé des débris de 6 de ces Rongeurs. Une Corneille avait aussi mangé un très jeune Lièvre (*Lepus europœus*, Pall.) et d'autres avaient volé des œufs de Passereau, dont nous avons observé aussi des fragments de coquilles.

Les Insectes étaient représentés par les mêmes espèces que celles qui ont été trouvées chez les individus disséqués en mars; mais les imagos de Coléoptères et les chenilles de Lépidoptères étaient toutefois plus nombreux. Les Hannetons (*Melolontha vulgaris*, L. et *M. hippocastani*, F.) et les Charançons (*Curculionidæ*), par exemple, ont été trouvés plus souvent en avril qu'en mars. Ces formes étaient particulièrement abondantes dans la deuxième partie du mois d'avril et vers la fin du même mois (236 pygidiums de Hannetons dans 12 tubes digestifs). Mais nous avons constaté aussi le plus souvent des débris de différentes espèces de Charançons (*Curculionidæ*) et de Carabes (*Carabidæ*). Mais malheureusement ces derniers étaient fortement macérés, et à cause de cela, nous n'avons pu les déterminer exactement. Nous avons déterminé les Coléoptères suivants dans les appareils disséqués : 2 fois des Atomaires linéaires (*Atomaria linearis*, Steph.), 11 fois des Otiorhynques de la livèche (*Otiorrhynchus ligustici*, L.), et d'autres Otiorhynques (*Otiorrhynchus* spec. dif.) ; des *Cleonus* (*Bothynoderes*), *punctiventris*, Germ. et des *Cleonus* spec. dif., 14 fois, et 12 *Cleonus* dans un estomac au maximum; des *Sitona lineatus*, L., des *Sitona* spec. dif., des *Aphodius* spec. dif., des *Harpalus* spec. dif. et des *Opatrum? sabulosum*. L., dans 23 appareils digestifs, et quelquefois très nombreux, par exemple 47 Sitones ou 13 Opâtres dans un seul estomac; dans 3 appareils digestifs, des Anthonomes (*Anthonomus* spec?), dans 13 appareils digestifs de nombreux fragments de différentes espèces d'Altices (*Halticidæ*); dans 16 estomacs, des Chrysomeles (*Chrysomelidæ*), par exemple de 2 à 5 Chrysomeles dans un seul estomac. Chez un individu nous avons trouvé 7 Hylobes du Pin (*Hylobius abietis*, L.) ; dans 3 autres des fragments de *Cicadula* spec. dif., et chez un autre des fragments de quelques *Scolytidæ*. Mais nous avons rencontré aussi des *Carabus cancelatus*, F., dans 16 appareils digestifs (dans un seul estomac nous en avons reconnu 8). Parmi les fragments de différents Coléoptères, M. FLEISCHER nous a déterminé les espèces suivantes : *Lacon murinus*, L. (dans 3 estomacs); *Pœcilus lepidus*, Leske, *Amara*

ænea, Degeer, *Carabus cancelatus*, F. (dans 2 estomacs); *Opatrum sabulosum*, L., *Brachyderes inca-
nus*, L., *Mecaspis alternans*, Hbst, *Mecaspis* spec?,
Byrrhus spec? (aussi dans 2 appareils digestifs); *Harpalus* spec. dif., *Aphodius* spec. dif., *Geotrupes* spec.
dif., et différents petits *Curculionidæ*, quelquefois
très nombreux, dans plusieurs tubes digestifs.

Quant aux larves vivant dans le sol, les plus
nombreuses étaient celles de Hannetons, quoique nous
ayons constaté aussi d'autres larves, dont nous avons
parlé précédemment (voir en mars). Comme nous
l'avons déjà indiqué, différentes espèces de chenilles,
surtout des chenilles poilues, étaient plus nombreuses
chez les animaux disséqués en avril que dans ceux
disséqués en mars. Mais ces chenilles étaient tellement
macérées que nous n'avons pu les déterminer que
2 fois · 1 fois, 13 chenilles de la Bombyce chrysorrhée
(*Arctornis chrysorrhœa*, Fuessl.) et, une deuxième
fois, 80 chenilles de Bombyces du Pin (*Gastropacha
pini*, Ochsh.).

A côté des Insectes ci-dessus nommés, nous avons
trouvé des fragments chitineux d'Insectes et d'autres
Arthropodes, quelquefois très nombreux, mais toujours
très macérés.

En *mai*, nous avons disséqué 42 Corbeaux :
29 adultes et 13 jeunes.

Dans l'appareil des 29 adultes, nous n'avons rencontré que 13 fois de la nourriture végétale : 3 fois
nous avons trouvé quelques débris de grains de Blé
et d'Orge, et 1 fois des débris de petits grains noirs et
ronds que nous n'avons pu déterminer exactement.

Dans 3 autres appareils digestifs nous avons remarqué aussi des fragments assez nombreux de Pommes de terre; mais dans la plupart de ces 13 appareils, nous avons observé des fragments de différentes plantes, des aiguilles de Conifères, etc..., qui représentent la plus grande partie de la nourriture végétale. Nous avons trouvé aussi une fois 63 grains d'Epicéa (*Abies spec?*).

La nourriture animale que nous avons trouvée dans tous ces 29 appareils digestifs était tellement macérée que nous ne pouvons beaucoup en parler. Dans 13 appareils nous avons rencontré des débris de jeunes Oiseaux et d'œufs volés dans les nids. La plupart de ces œufs avaient été pondus par des Perdrix et des Faisans (*Perdix perdix* [L.] et *Phasianus colchicus*, L.). Dans 8 appareils digestifs nous avons constaté aussi des fragments de coquilles de Mollusques et autres débris de ces animaux. La majorité de la nourriture animale était représentée par des Insectes et des Arthropodes, que nous avons trouvés dans les 29 appareils digestifs. Parmi ces Insectes, les plus nombreux étaient des Coléoptères et des chenilles nues et poilues. Nous avons trouvé par exemple, des débris de Hannetons (*Melolontha vulgaris*, L. et *M. hippocastani*, F.) dans 26 tubes digestifs, très nombreux quelquefois (par ex. 127 pygidiums dans un seul estomac). Les débris de Charançons (*Curculionidæ*) étaient aussi très nombreux, et nous les avons observés aussi souvent que ceux de Hannetons. Parmi les larves, nous n'avons pu déterminer exactement qu'une fois 15 larves de Zabre bossu (*Zabrus gibbus*, F.) et dans 8 estomacs

des chenilles de la Nonne moine (*Liparis monacha*, L.
[3, 18, 16, 21, 5, 19, 2, 21 chenilles dans chaque
estomac]). Les débris de larves et de chenilles étaient
nombreux dans la plupart des appareils digestifs, mais,
étant très altérés, nous n'avons pu les déterminer exactement.

Parmi les 13 jeunes Corbeaux tués en mai,
5 avaient mangé quelques grains de Céréales, dont
nous donnons ci-après la quantité : 1° 1 grain d'Orge
et 2 grains de Maïs; 2° 4 grains d'Avoine et de
nombreux débris des mêmes grains (2 gr. 16) ;
3° des débris de grains d'Orge (0 gr. 63); 4° 1 grain
de Maïs; 5° 1 grain de Maïs; aucun de ces grains
n'était en germination. Nous avons constaté aussi,
dans 5 autres appareils digestifs, un peu de nourriture végétale, composée de fragments de feuilles
qui provenaient surtout d'arbres forestiers, et qui,
nous croyons, ont été ramassés au hasard, avec des
Insectes. Les 3 derniers appareils digestifs ne renfermaient pas du tout de nourriture végétale.

Tous ces 13 appareils digestifs renfermaient des
Insectes variés, ainsi que leurs débris. Dans un seul
estomac nous avons trouvé quelques fragments de
coquilles vertes provenant d'œufs d'Oiseaux, et dans
un autre, des fragments d'un Lumbricide. Dans 5
appareils digestifs nous avons constaté des fragments
de Limaces ou d'Arions et des fragments de coquilles
de Gastropodes. Nous avons rencontré toute cette
nourriture à côté de nombreux Insectes.

Ceux-ci étaient représentés par des larves et chenilles diverses, et surtout par des imagos de Hannetons (*Melolontha vulgaris*, L. et *M. hippocastani*, F.).

Nous avons trouvé ces imagos dans l'appareil digestif
de ces 13 Corbeaux; dans 4 appareils digestifs il y
avait des larves de Zabre bossu (*Zabrus gibbus*, F.
[5, 3, 16, 2 larves dans chaque estomac]), et des larves
d'autres Carabides (*Carabidæ* [3, 15, 2 et 7 larves dans
chaque estomac]). Dans 8 appareils digestifs, nous
avons constaté des débris de différents Elatères(*Elateridæ* [4, 2, 16, 7, 96, 158, 141 et 49 larves dans cnaqu»
estomac]). Dans 2 estomacs, nous avons trouvé 33 et
196 larves de Bibionides, et dans 2 autres, 13 et 44
larves de Tipulides. Dans 6 estomacs nous avons vu
des restes de larves rougeâtres fortement macérées,
probablement d'une *Contarinia* (13, 2, 97, 4, 112, 31
larves dans chaque estomac). Nous avons constaté dans
4 estomacs des larves de Hannetons et autres Lamellicornes, et dans 7 autres estomacs des larves de petits
et grands Curculionides. Des chenilles quelquefois
très nombreuses furent trouvées dans tous ces 13 estomacs (chenilles nues chez 12 individus, chenilles poilues dans 6 estomacs). Mais ces chenilles étaient toujours très macérées, aussi nous n'avons pu déterminer
que les suivantes : *Noctuidæ* dans 2 estomacs, *Geometridæ* dans 4 estomacs, Bombyce livrée (*Gastropacha
neustria*, L.) dans 4 estomacs, Nonne moine (*Liparis
monacha*, L.) également dans 4 estomacs (presque
intacte dans 1 estomac), des Tordeuses différentes, par
exemple des Tordeuses vertes (*Tortrix viridana*, L.)
dans 8 estomacs. Nous avons trouvé des chrysalides
de différents Lépidoptères dans 7 estomacs, et des
fragments de petites chrysalides (d'une Diptère?) chez
un seul individu.

Quant aux Coléoptères trouvés dans ces 13 appareils digestifs, nous n'avons pu déterminer que des Hannetons, qui se trouvaient chez tous les individus (1 à 36 pygidiums dans un estomac), des Hylobes du Pin (*Hylobius abietis*, L.) dans 5 appareils digestifs (3 à 17 dans un estomac), 4 *Carabus cancelatus*, F., dans 4 estomacs, et 9 *Coccinella* spec? aussi dans 4 estomacs, à côté de fragments d'autres Coléoptères, surtout des *Curculionidæ, Elateridæ, Chrysomelidæ* et *Carabidæ* (*Harpalus* spec. dif., *Pœcilus* spec. dif.). M. FLEISCHER nous a encore déterminé les espèces suivantes : 3 *Carabus cancelatus*, F., provenant de 2 estomacs, des *Pœcilus, Harpalus* et *Amara* spec. dif., provenant de 3 estomacs, où ils étaient en grande quantité et fortement macérés; différentes espèces d'*Elateridæ* dans 2 appareils digestifs, des Otiorrhynques de la livèche (*Otiorrhynchus ligustici*, L.) et d'autres *Curculionidæ* dans 4 appareils; *Galeruca tanaceti*, L., dans un estomac, et de nombreux fragments de différents *Geotrupidæ* chez 5 Corbeaux.

Dans 3 appareils digestifs nous avons trouvé des fragments d'Insectes aquatiques, et dans 3 autres, des morceaux de Forficulides. A côté de tous ces Insectes nous avons observé aussi de nombreux petits fragments chitineux, que nous n'avons pu déterminer. Les estomacs de ces 13 jeunes Corbeaux ne renfermaient pas du tout de sable, ni de cailloux.

Dans le mois de *juin*, nous avons disséqué l'appareil digestif de 52 Corbeaux mantelés : 33 adultes et 19 jeunes.

Les 33 adultes avaient ingéré de la nourriture

végétale et de la nourriture animale. La dernière, qui était la plus abondante, se composait surtout d'Insectes et d'autres Arthropodes. Quant à la nourriture végétale, elle était représentée 4 fois par des grains d'Orge et de Blé, 1 fois par des grains de Conifère (*Abies excelsa*, D. C. [?]), et 10 fois par des débris et des noyaux de Cerises (*Cerasus* spec?). Il y avait aussi des fragments de feuilles de différentes plantes et d'arbres, et des débris d'aiguilles de Conifères, qui tous représentaient la plus grande partie de la nourriture végétale des Corbeaux adultes.

La nourriture animale était composée surtout de différents Insectes nombreux. Nous avons rencontré en outre, dans 6 estomacs, des fragments de coquilles d'œufs d'Oiseaux et des débris de jeunes Oiseaux, et, dans 8 estomacs, des restes macérés de différents Mollusques. Dans 4 appareils digestifs nous avons trouvé aussi des fragments de Vers de terre.

Quant aux Insectes, nous avons observé des larves d'Elaterides dans 7 estomacs (17 larves dans un estomac, au maximum), des larves de Zabre bossu (*Zabrus gibbus*, F.) dans 3 estomacs (15 larves au maximum dans un estomac), des larves de Hannetons (*Melolontha* spec?) dans un seul estomac (4 larves). Mais nous avons constaté le plus souvent, et en très grand nombre, des chenilles nues et poilues, ainsi que des larves de quelques espèces de Tenthrédinides, parfois très macérées. Dans un seul estomac, nous avons trouvé, par exemple, des débris de 172 larves et chenilles; de ces chenilles, nous n'avons pu déterminer que les espèces suivantes : Bombyce livrée (*Gastro-*

pacha neustria, L.), trouvées dans 4 estomacs (76 chenilles au maximum); Nonne moine (*Liparis monacha*, L.) dans 8 estomacs (de 5 à 81 chenilles dans un
estomac); Bombyces du Pin (*Gastropacha pini*
Ochsh) dans 2 estomacs (3 à 18 chenilles); *Pieridæ*
dans 3 estomacs (2, 7, 21 chenilles); *Geometridæ* dans
8 estomacs (71 chenilles au maximum dans un estomac); *Tortricidæ* (par exemple *Totrix viridana*, L.)
dans 19 estomacs (134 chenilles au maximum dans
un estomac), *Noctuidæ* dans 9 estomacs (1 à 52 chenilles dans un estomac). Nous avons trouvé en tout, des
chenilles nues dans 29 gésiers, et des chenilles poilues
chez 21 individus. Nous avons vu, dans 15 estomacs, des
larves de Tenthrèdes (1 à 22 larves dans un estomac).
Nous avons observé 3 fois des débris de chrysalides de
Lépidoptères et 2 fois des débris de petites pupes
trouvées à côté d'Insectes nuisibles aux Betteraves.
C'est pourquoi nous croyons que ces derniers débris de
chrysalides sont ceux de la Mouche de la Betterave
(*Pegomyia hyoscyami*, Panz). Nous avons trouvé aussi
des larves de Curculionides (*Cleonus?*, *Apion?*), dans
4 estomacs; des larves noires de Sylphes (*Silpha* spec?)
et des larves vertes de Casside nébuleuse (*Cassida
nebulosa*, L.) également dans ces 4 estomacs. L'un de
ceux-ci contenait des débris de 6 petites larves de
Tenthrède, et un autre, 72 petites larves rougeâtres
d'une *Contarinia*.

Parmi les Coléoptères, nous avons déterminé des
Hannetons communs (*Melolontha vulgaris*, L.) dans
17 tubes digestifs (76 pygidiums au maximum dans un
gésier). Ce sont les Hannetons, parmi les Coléoptères,

que les Corbeaux adultes ci-dessus mangent le plus. Ensuite, différents Carabides furent trouvés dans 16 tubes digestifs (des débris de 46 *Harpalus* spec. dif. comme maximum dans un appareil). Chez 3 individus nous avons trouvé la Cicindele champêtre (*Cicindela campestris*, L.), et chez 5 autres, 5 Calosomes sycophantes (*Calosoma sycophanta*, L.). Ces 5 derniers Corbeaux avaient mangé aussi des chenilles de Nonne moine: ils avaient été tués dans les forêts d'Epicéas attaquées par ce Lépidoptère. Nous avons constaté aussi des débris de grands Carabes (*Carabus* spec?) dans 4 appareils digestifs, et des *Hister* spec. dif. dans 8 appareils : 3 fois à côté des *Cleonus punctiventris* Germ., et 5 fois à côté de différentes Chrysomeles. Les Géotrupides étaient aussi en assez grand nombre. Dans 7 appareils digestifs nous avons trouvé des fragments de Coccinellides, et, dans 25 appareils, des fragments de nombreux Curculionides divers (*Apion* spec?, *Otiorrhynchus* spec?, *Cleonus punctiventris* Germ., et *Cleonus* spec. dif. (ces derniers observés souvent avec des Atomaires linéaires (*Atomaria linearis*, Steph.), *Sitona lineatus*, L., et *Sitona* spec? très nombreux, *Phyllobius* spec. dif., *Rhynchites* spec?, *Attelabus* spec?, *Pisodes* spec? (2 fois), *Hylobius abietis*, L., et *Hylobius* spec?, 18 fois, et 12 Hylobes au maximum dans 1 appareil. Une fois nous avons trouvé aussi des fragments d'un grand Capricorne (*Cerambyx* spec?), plusieurs des fragments d'imagos d'Elatérides, et très souvent des restes de larves et d'adultes de Chrysomélides. Dans 4 estomacs nous avons vu des fragments d'Altices (*Halticidæ*). En examinant des restes chitineux de très petite taille, M. FLEISCHER a déterminé les espèces suivantes, provenant de 6 appareils digestifs : 1° *Carabus* spec?, *Seminolus* spec?, *Hylobius abietis*, L., *Galeruca tanaceti*, L., *Aphodius fimetarius*, Duft; 2° *Rhisotrogus* spec?, *Seminolus pilula*, L., *Cytilus sericea*, Fœrster, *Aphodius* spec. var., *Phytonomus punctata*, F., et des débris nombreux d'autre *Curculionidæ* et d'*Amara* spec. dif.; 3° *Geotrupes* spec. dif., *Carabus* spec. dif., *Melolontha* spec?, *Harpalus* spec. dif. très nombreux; 4° *Seminolus pilula*, L., *Agriotes lineatus*, L., *Carabus* spec?; 5° *Sitona lineatus*, L., très nombreux; 6° 5 *Otiorrhynchus ligustici*, L., et de nombreux fragments des autres *Curculionidæ*.

Dans 5 estomacs nous avons trouvé aussi des fragments d'Araignées et des Phalangides, et dans 8 autres, des fragments de Chilopodes. Les estomacs de 4 Corbeaux tués dans les forêts d'Epicéas, renfermaient des débris de nombreuses femelles de *Lecanium racemosum* Rtzb. Plusieurs estomacs contenaient aussi des fragments de Géocoridés, de Diptères, de Lépidoptères et de Forficules. Dans 5 estomacs nous avons rencontré des débris de Sauterelles (*Locustidæ*), et dans 8 autres des restes de Grillons (*Acheta* [*Gryllus*] spec?). Trois appareils digestifs renfermaient des fragments de Taupes-Grillons (*Gryllotalpa gryllotalpa* [L.]). Plusieurs fois nous avons trouvé des débris de différentes espèces de Fourmis, et, dans 4 estomacs, qui contenaient des chenilles poilues, nous avons observé des larves de Diptères plus ou moins macérées, qui appartiennent, nous croyons, au groupe de Tachinides.

Le contenu de l'appareil digestif de 19 jeunes Corbeaux tués au nid ne diffère pas beaucoup de celui qui a été trouvé chez les adultes, cependant, nous n'avons pas rencontré de nourriture végétale, excepté quelques débris de feuilles d'arbres, ramassés 5 fois avec des Insectes. Deux appareils renfermaient aussi des restes de Campagnols (*Microtinæ*). Quant aux Insectes, ils étaient représentés surtout par des chenilles nues et poilues, et par différentes larves que nous avons observées à côté d'autres Insectes, parmi lesquels les Coléoptères étaient en majorité. Nous n'avons pas trouvé du tout de minéraux dans le tube digestif de ces jeunes Corbeaux.

En *juillet*, nous avons analysé l'appareil digestif de 33 Corbeaux mantelés adultes et de 9 jeunes Corbeaux de l'année, déjà sortis du nid.

Le tube digestif de 10 adultes contenait plus de nourriture animale que de nourriture végétale, et dans les 23 autres appareils nous avons constaté une plus grande quantité de nourriture végétale que de nourriture animale. Dans 15 appareils digestifs, la nourriture végétale était représentée par des grains de Céréales (de 1 à 26 dans un seul estomac), et dans 5 autres appareils, par des Cerises (*Cerasus* spec? [de 3 à 18 noyaux dans un estomac]). Mais des débris de feuilles de différentes plantes et d'aiguilles de Conifères se trouvaient en plus grande quantité dans tous ces appareils digestifs, sauf dans deux estomacs, qui ne renfermaient que des fragments de grains de Blé, d'Orge et d'Avoine, comme nourriture végétale.

La plupart des Insectes trouvés dans ces appareils

digestifs étaient complètement macérés, et par suite, très difficiles à déterminer, quoiqu'ils s'y trouvaient en grande quantité. Nous avons rencontré, dans ces 33 appareils digestifs, des débris plus ou moins nombreux de différentes larves, et des fragments de Coléoptrères. Parmi les larves nous avons déterminé des chenilles verdâtres d'*Hadena secalis*, L., des chenilles grisâtres d'*Hadena basilinea*, F., ces animaux se trouvaient dans les appareils qui renfermaient des grains de Céréales. Chez 8 individus nous avons trouvé respectivement 4, 3, 8, 2, 33, 8, 13 et 7 chenilles, que nous croyons être de *Plusia gamma*, L., ou d'une autre Noctuelle semblable (*Mamestra pisi*, L. [?]). L'œsophage et l'estomac d'un Corbeau mantelé tué en Moravie du Sud, renfermaient 76 peaux de chenilles de Bombyce livrée (*Gastropacha neustria*, L.), et 27 larves d'une *Contarinia*. 12 Corbeaux tués dans le canton forestier où les Epicéas étaient attaqués par la Nonne moine (*Liparis monacha*, L.), renfermaient dans leurs appareils digestifs des chenilles et des chrysalides de ce Lépidoptère. Les chenilles et les fragments de la chrysalide de la Nonne étaient assez nombreux quelquefois. Dans les mêmes estomacs nous avons trouvé aussi de nombreux Hylobes du Pin (*Hylobius abietis*, L. et *Hylobius* spec?), Pisodes (*Pisodes* spec?) et 14 larves de Tachinides, avalées peut-être avec les chenilles de la Nonne. Dans quelques appareils digestifs nous avons trouvé aussi des fragments de chrysalides, de petits et grands Lépidoptères diurnes et nocturnes. 3 appareils digestifs contenaient aussi des larves et des imagos des Cassides nébuleuses (*Cassida nebulosa*, L.), de nombreux fragments de *Sitona lineatus*, L., des larves de petits Curculionides, des morceaux macérés de téguments de larves de Hannetons (*Melolontha*) et des fragments de jeunes Taupes-Grillons (*Gryllotalpa gryllotalpa* [L.]). Nous avons trouvé aussi 7 fois des fragments de Taupes-Grillons, jeunes et adultes, dans les appareils digestifs des Corbeaux qui avaient cherché leur nourriture dans les champs; dans ces mêmes tubes digestifs, nous avons observé aussi des fragments de quelques Sauterelles (*Locustidæ*) et de Grillons (*Acheta* [*Gryllus*] *? campestris*, L.). Quant aux Coléoptères, nous avons trouvé encore des imagos, des larves et des nymphes de différentes espèces de Chrysomelides (par exemple 33 larves, nymphes et imagos dans un seul estomac), des fragments des imagos d'Altices (*Halticidæ*), des *Geotrupidæ*, des *Aphodius* spec. dif., des *Rhisotrogus* spec?, des Anisoplies des céréales (*Anisoplia segetum* Hbst. et *A. austriaca* Hbst.); nous avons trouvé ces Anisoplies dans les appareils digestifs de 5 Corbeaux tués en Moravie du Sud. Dans 10 appareils digestifs, nous avons rencontré aussi des fragments de différents Coccinellides (environ 13 dans un seul estomac). Dans plusieurs appareils digestifs, nous avons trouvé des fragments de différents Carabides, surtout ceux de petits Carabes; et chez 9 individus nous avons observé des débris d'imagos de Zabre bossu (*Zabrus gibbus*, F.). M. Fleischer nous a déterminé encore, parmi des fragments chitineux, les espèces suivantes : *Aphodius prodromus* Brahm, *Pœcilus lepidus* Leske, *Amara œnea*, Deeger, *Lacon murinus*, L., *Opatrum* spec? et *Brachyderes* spec?

Nous avons rencontré ensuite des Arthropodes et des Insectes moins nombreux : dans 4 appareils digestifs, des débris de *Phalangidæ*; dans 3, des débris d'*Areneæ*, dans 5 appareils des Chilopodes et Diplopodes; dans l'appareil digestif de 2 Corbeaux tués dans les forêts d'Epicéa, nous avons trouvé aussi de nombreux débris d'un Lecanium, que nous croyons être *L. racemosum*, Rtzb. Dans un œsophage nous avons trouvé quelques *Aphrophora alni*, Fall. (*A. spumaria*, Burm.); dans 8 appareils digestifs, des débris de *Geocoridæ* aux couleurs vives, des fragments de Diptères, d'Hyménoptères, de Fourmis, de Lépidoptères et de larves de Plécoptères, notamment de *Limnophilus flavicornus*, F., et d'autres Insectes aquatiques. Dans plusieurs tubes digestifs, nous avons trouvé des débris de Forficulides qui étaient quelquefois très nombreux; par exemple, dans un seul estomac nous avons rencontré 99 pinces de Forficules. 13 Corbeaux tués dans les terrains inondés, avaient mangé différents Mollusques, des Oligochètes et des Arthropodes aquatiques. Nous avons trouvé aussi des Lumbricides dans 4 appareils digestifs, et dans 4 autres des débris de Poissons. 8 fois nous avons trouvé des fragments verts d'œufs d'Oiseaux, et 4 autres fois des débris de jeunes Oiseaux tués au nid. Deux autres appareils contenaient des débris de petits Rongeurs (*Muridæ*); une fois nous avons trouvé le crâne d'une Musaraigne (*Sorex* spec?). 3 fois des débris de Lézards (*Lacerta* spec?), et 5 fois des restes de jeunes Lièvres (*Lepus europæus*, Pall.).

L'appareil digestif des 9 jeunes Corbeaux tués dans

le mois de juillet renfermait aussi des végétaux et des animaux; leur nourriture végétale était plus abondante que celle qu'on rencontre dans l'appareil digestif des très jeunes Corbeaux tués au mois de juin, car ces jeunes Corbeaux de juillet commençaient déjà à voltiger.

L'appareil digestif de 2 de ces jeunes Corbeaux de juillet contenait des fragments de grains de Blé et d'Orge en si grande quantité, qu'ils représentaient plus de la moitié du contenu de l'estomac. Dans 3 autres appareils digestifs, nous avons trouvé des débris de quelques Cerises (*Cerasus* spec? [2 à 4 noyaux]), et des fragments de quelques grains de Blé. L'appareil digestif de 2 individus contenait quelques fragments de feuilles vertes de plantes. Dans 2 autres appareils nous n'avons trouvé qu'un peu de nourriture végétale, représentée par des fragments de feuilles, et des débris de 2 jeunes petits Oiseaux. Dans 7 appareils nous avons trouvé aussi de nombreux Insectes.

Dans 4 estomacs nous avons observé de nombreux débris, fortement macérés, de peaux de larves l'Insectes et de chenilles nues et poilues que nous ne pouvons déterminer exactement. Mais nous croyons que les peaux des chenilles poilues appartiennent à la Nonne (*Liparis monacha*, L.), car nous avons trouvé ces chenilles dans l'appareil digestif des Corbeaux adultes tués le même jour dans le même canton forestier, qui était fortement attaqué par les chenilles de la Nonne. Dans ces 7 appareils digestifs nous avons constaté des débris de nombreux Coléoptères. Il s'agissait surtout des imagos des espèces suivantes :

des *Geotrupidæ* trouvés dans 5 estomacs, des *Carabidæ* aussi dans 5 estomacs, de nombreux petits *Curculionidæ* (*Otiorrhynchus* spec? et *Sitona* spec?) dans 7 estomacs, des différents *Chrysomelidæ* dans 6 estomacs. M. FLEISCHER nous a encore déterminé les espèces suivantes : *Carabidæ* (*Pœcilus?*) dans 2 estomacs, *Otiorrhynchus ligustici*, L., *Silpha* spec ? et *Tenebrionidæ* aussi dans 2 estomacs

L'appareil digestif de 4 Corbeaux contenait aussi des débris de Mollusques. Ces 9 jeunes Corbeaux, tués alors qu'ils commençaient à voltiger, renfermaient déjà des minéraux (cailloux et sable).

En *août*, nous avons examiné 36 individus : 29 adultes et 7 jeunes. Mais nous n'avons trouvé aucune différence entre la nourriture des premiers et celle des seconds. La nourriture de 34 Corbeaux se composait de matières végétales et de débris d'Insectes, et celle des 2 autres Corbeaux (1 adulte et 1 jeune) comprenait des débris chitineux.

La nourriture végétale était représentée par des grains de Céréales, très abondants dans 35 appareils digestifs, par des fragments de feuilles de différentes plantes, notamment de Conifères, et une fois, par 3 petites Cerises noires (*Cerasus avium*, L.).

Dans l'appareil digestif de 16 Corbeaux, jeunes et adultes, tués pendant les mois d'août 1922 et 1923, dans les cantons forestiers attaqués par la Nonne (*Liparis monacha*, L.), nous avons rencontré, parfois en abondance, des chenilles, des chrysalides et des imagos de ce Lépidoptère. Chez ces 36 Corbeaux nous avons trouvé aussi des fragments de chitine d'autres

Insectes et de divers Arthropodes, mais surtout de Coléoptères. Dans 5 appareils se trouvaient aussi des débris de Sauterelles (*Locustidœ*). Toute cette nourriture était fortement macérée, c'est pourquoi nous n'avons pu la déterminer exactement. Nous pouvons seulement indiquer que nous avons trouvé des débris de différents *Carabidœ*, de quelques *Lamellicornia*, de *Tenebrionidœ*, de *Curculionidœ* et de *Chrysomelidœ*.

9 appareils digestifs renfermaient aussi des débris plus ou moins nombreux de différents Mollusques, et 4 autres contenaient les débris de 4 Lézards (*Lacerta* spec?).

18 Corbeaux mantelés, adultes et jeunes, parmi les 29 Corbeaux tués dans le mois de *septembre*, n'avaient mangé que des grains de Céréales, surtout des grains de Blé (15 grammes de grains de Blé secs, au maximum, dans un estomac). Les 9 autres Oiseaux avaient aussi mangé des grains de Céréales, ainsi que des Pommes de terre, des Prunes (*Prunus domestica*, L.), des fruits de Sorbier (*Sorbus aucuparia*, L.), et des fruits d'Aubépine (*Crategus monogyna* Jacq. et *C. oxyacanthoides* Thuill.); puis quelques grains de plantes cultivées, des fragments de feuilles vertes de différentes plantes, des Insectes et des Arthropodes.

Parmi les Insectes se trouvaient, en grand nombre, des fragments de différents Coléoptères, des débris de larves de Zabre bossu (*Zabrus gibbus*, F.), d'Elaterides et de Hanneton (*Melolontha* spec?). 3 appareils digestifs renfermaient des débris de 3 Campagnols (*Microtinœ*) et des restes d'Arions ou de Limaces. Cette fois, la nourriture végétale était plus abondante que la **nourriture animale.**

L'appareil digestif des 39 Corbeaux mantelés tués dans le mois d'*octobre*, renfermait beaucoup plus de nourriture végétale que de nourriture animale. Dans 33 appareils nous avons rencontré des grains de Céréales, qui représentaient la nourriture principale de ces Corbeaux. Dans 16 autres, nous avons trouvé des grains de Blé, dans 18, des grains d'Avoine, dans 20, des grains de Seigle, dans 8, des grains d'Avoine et de Maïs. Dans 7 tubes digestifs nous avons observé des fragments de Pommes de terre, et dans 5 des restes de fruits variés. Nous avons trouvé des fragments de feuilles vertes dans 29 appareils, des glands de Chêne (*Quercus* spec?) dans 5, et des grains de plantes non cultivées dans 21 appareils. Dans 9 tubes digestifs nous n'avons constaté aucune nourriture animale.

Nous avons trouvé, dans 5 estomacs, des fragments de Campagnols ou de Souris (*Microtinæ* et *Murinæ*), dans 5 autres estomacs des débris de Limaciens et des fragments de coquilles de Gastropodes et autres Mollusques (*Unionidæ* [?]), dans 6 estomacs. Dans ces 6 derniers appareils, nous avons trouvé aussi quelques débris fortement macérés de Poisson. Nous avons remarqué dans 16 estomacs des débris de larves de Hannetons (*Melolontha* spec?), de Zabre bossu (*Zabrus gibbus*, F.), d'Elatères (*Elateridæ*) et des fragments de peaux de chenilles de Noctuelles (*Agrotidæ*). Nous avons trouvé 7 fois des fragments de chrysalides de différents Insectes. Dans 3 appareils digestifs de Corbeaux tués dans les forêts attaquées par les chenilles de la Noctuelle piniperde (*Panolis piniperda* Panz.) nous avons vu de nombreux fragments de chrysalides de cette espèce. Mais ces chrysalides étaient quelquefois momifiées par un champignon parasite des Insectes (*Empusa?*). Dans un estomac nous avons rencontré 27 chenilles poilues, que nous croyons être celles de la Bombycle du Pin (*Gastropacha pini*, Ochsh). Nous avons constaté aussi très souvent des fragments de Coléoptères, mais en petit nombre chaque fois. Puis des fragments de *Geocoridæ* dans 9 estomacs, de *Forficulidæ* dans 17 estomacs, des Sauterelles (*Loscutidæ*) dans 7, des Grillons (*Acheta* [*Gryllus*] spec?) dans 4, et des fragments d'Insectes aquatiques dans 6; ces fragments, mêlés aux débris de divers Insectes et autres Arthropodes que nous ne pouvons déterminer.

Parmi les Coléoptères reconnus, les *Carabidæ*, les *Chrysomelidæ* et les *Curculionidæ* sont les plus abondants. Nous avons trouvé des Insectes dans 35 appareils digestifs.

La nourriture des 44 Corbeaux mantelés tués pendant le mois de *novembre* ressemble beaucoup à celle des Corbeaux abattus en octobre. La nourriture végétale était surtout composée de grains de Céréales non germés. Elle se trouvait dans l'appareil digestif de ces 44 Corbeaux, et beaucoup plus abondante que la nourriture animale. Nous avons rencontré également, dans tous ces appareils digestifs, mais en moindre quantité, des graines et des débris de feuilles de plantes. Dans 8 appareils, nous avons trouvé quelques graines d'arbres forestiers; dans 6 appareils, des Prunes (*Prunus domestica*, L.), des Noyaux (*Juglans regia*, L.) et des Pommes de terre.

La nourriture animale se trouvait dans 38 appareils digestifs, mais en moins grande quantité que la nourriture végétale. 12 Corbeaux mantelés avaient mangé des Campagnols et des Souris (*Microtinœ* et *Murinœ*), et 23 des Arions, des Limaces (*Arion, Limax*) et des autres Mollusques; l'appareil digestif de 13 Corbeaux contenait des restes de différents Insectes aquatiques et des fragments de coquilles de différentes espèces de Gastropodes et de Mollusques ramassés certainement dans des étangs asséchés depuis peu de temps. 3 appareils renfermaient aussi quelques débris d'Oligochètes et des Poissons. Dans 36 appareils nous avons constaté des débris de peaux de nombreuses larves de Hannetons (*Melolontha*), de Zabre bossu (*Zabrus gibbus*, F.), d'Elatérides, de Bibionides, de Tipulides, de Curculionides, de Lamellicornes, des chenilles de différentes Noctuelles et des larves rougeâtres d'une *Contarinia*. Dans 17 estomacs nous avons trouvé aussi des restes chitineux de Coléoptères fortement macérés et des fragments de nombreux autres Insectes que nous ne pouvons nommer.

L'appareil digestif de 14 Corbeaux mantelés tués en *décembre* renfermait la même nourriture que celle qui se trouvait chez les Corbeaux abattus en novembre. Dans 10 tubes digestifs, nous avons rencontré des grains de Céréales, surtout de Blé et d'Avoine, qui étaient en grande quantité. Dans 5 appareils, nous avons trouvé des grains de Blé, de Seigle, d'Orge, tous en état de germination plus ou moins avancée. Dans 4 appareils nous avons observé des fragments de Pommes de terre, et dans 4 autres, des glands de Chêne

(*Quercus* spec?) ; 2 appareils digestifs possédaient des graines de Robinier (*Robinia Pseudo-Acacia*, L.). Des débris de feuilles vertes et quelques graines de plantes non cultivées se trouvaient dans les 14 appareils digestifs.

5 Corbeaux mantelés avaient mangé aussi des Campagnols et des Souris (*Microtinœ* et *Murinœ*), 8 autres avaient ingéré de nombreux Limaciens : nous avons trouvé, dans un seul estomac, de 9 à 26 Limaces ou Arions. Ces Corbeaux, comme ceux tués pendant le mois de novembre, avaient aussi ramassé des larves d'Insectes vivant dans le sol des champs ; par exemple, dans un seul gésier, nous avons trouvé de 8 à 136 larves de Zabre bossu, d'Elatérides, de Bibionides, de Tipulides, y compris des chenilles de Noctuelles. Une fois nous avons trouvé aussi des débris de Poissons, et 2 fois des plumes et la chair d'un grand Oiseau.

En somme nous avons disséqué 468 Corbeaux mantelés : 412 Corbeaux adultes et 56 jeunes Corbeaux, pris dans les nids ou tués alors qu'ils commençaient à voltiger.

Les 16 Corbeaux adultes tués durant le mois de janvier avaient cherché leur nourriture aux environs des villes, des villages, sur les routes, etc..., devenant charognards, et 452 Corbeaux s'étaient nourris dans les champs et dans les forêts. Parmi les 468 individus examinés, 432 avaient absorbé de la nourriture végétale, et 428 avaient mangé, en outre, de la nourriture animale. La nourriture végétale fut observée en plus grande quantité pendant le temps des moissons et à l'époque des semailles, c'est-à-dire en Automne et en

Hiver. La nourriture animale fut beaucoup plus abondante au Printemps, vers la fin de l'Hiver et au commencement de l'Eté.

Les jeunes Corbeaux font exception. Ceux qui ont
été tués durant les mois de mai et juin avaient absorbé
toujours beaucoup plus de nourriture animale (surtout des Arthropodes) que de nourriture végétale, qui
ne fut constatée qu'exceptionnellement. Nous avons
constaté, dans l'appareil digestif de 19 jeunes, des
fragments de feuilles, d'aiguilles de Conifères, etc..,
ramassés par leurs parents en même temps que des
Insectes. 3 appareils renfermaient différents fruits de
verger ou de forêt, et 5 autres quelques grains de
Céréales, ce qui est peu, comparativement aux
41 jeunes Corbeaux analysés durant les mois de mai
et juin. Quant à la nourriture des jeunes Corbeaux
tués pendant leur vol, aux mois d'août et septembre, ainsi que celle de la plus grande partie des
jeunes tués pendant le mois de juillet, elle ne diffère
plus de la nourriture des Corbeaux adultes.

Tous les Corbeaux mantelés adultes (412) et les
jeunes Corbeaux abattus pendant leur vol, renfermaient dans leur appareil digestif, spécialement dans
l'estomac, différentes matières anorganiques, minérales
et quelquefois même métalliques, mais la majorité
était composée de cailloux et de sable. Les jeunes Corbeaux tués dans les nids pendant les mois de mai et
juin (32 individus en tout) ne renfermaient jamais
ces matières anorganiques, bien que nous ayons constaté, dans 5 appareils digestifs, des grains de Céréales,
et dans la plupart des appareils des débris de feuilles
vertes ou autre nourriture végétale en petite quantité.

De toutes ces analyses, il résulte que le Corbeau mantelé est phytophage et zoophage, donc omnivore, durant toutes les époques de l'année, quoique la quantité de la nourriture animale et végétale dépende beaucoup des circonstances extérieures (écologiques), dans lesquelles vit l'Oiseau.

Quant à la nourriture végétale constatée dans l'appareil digestif des 432 Corbeaux mantelés que nous avons disséqués, nous avons trouvé le plus souvent, et quelquefois en assez grande quantité (dans 347 appareils digestifs), des débris et brins de feuilles et autres organes végétatifs d'arbres, de cultures et différents autres végétaux, très souvent même ceux de plantes non cultivées et de mauvaises herbes. Nous croyons que cette nourriture n'était pas simplement ramassée par hasard, mais au contraire qu'elle avait été choisie.

Nous avons rencontré ensuite des grains de Céréales et d'autres plantes cultivées (dans 324 appareils digestifs), souvent en assez grand nombre. Les grains sont ramassés durant toute l'année, mais principalement, et en plus grande quantité, après les moissons, puis au Printemps et en Automne, aux époques des semailles. Même pendant l'Hiver, les grains de Céréales, et d'autres plantes cultivées, représentent aussi une grande partie de la nourriture des Corbeaux mantelés; ceux-ci les ramassent non seulement autour des granges et des meules, mais aussi dans les champs ensemencés, qui sont probablement mal hersés, ainsi que dans les chaumes non encore labourés. C'est pendant les mois de mai, juin et juillet (commencement des moissons!), mais principalement pendant les mois de mai et juin, qu'on trouve cette nourriture en moindre quantité. Il est vraiment curieux de constater que nous n'ayons trouvé des grains de Céréales en germination que dans les appareils digestifs de 5 Corbeaux mantelés tués au mois de décembre; mais en tout cas, il faut considérer que les grains de Céréales et de plantes cultivées représentent une des principales parties de la nourriture des Corbeaux mantelés adultes et des jeunes qui ont déjà quitté leurs nids.

Ce n'est que dans 146 appareils digestifs que nous avons trouvé des graines de plantes non cultivées, dont certaines sont de mauvaises herbes (parmi 468 Corbeaux mantelés disséqués, 432 Corbeaux avaient absorbé de la nourriture végétale). Nous n'avons jamais trouvé ces graines en aussi grande quantité que les grains de Céréales ou autres plantes cultivées. C'est dans l'appareil digestif des Corbeaux mantelés tués durant les mois de janvier et février que nous avons trouvé le plus souvent ces graines et en plus grande quantité. Les Corbeaux les ramassent aussi en Automne, mais jamais en une aussi grande quantité que durant ces deux mois; du mois de mars au mois d'août nous ne les avons rencontrées qu'une seule fois. Elles sont surtout mangées quand les Corbeaux souffrent de la faim, et en Automne, au moment où ces graines sont les plus nombreuses; mais en Automne, les grains de Céréales sont aussi en très grande quantité, et les Corbeaux les préfèrent aux graines de plantes sauvages.

Des graines de plantes ligneuses, surtout celles d'arbres forestiers, furent constatées dans 55 appareils digestifs; la plus grande partie avait été absorbée en Automne et vers la fin de l'Hiver, époque à laquelle ces graines sont en grande abondance (Automne) et au moment où les Corbeaux souffrent de la faim (Hiver). Durant le Printemps et l'Eté on ne les rencontre qu'exceptionnellement dans les tubes digestifs.

Les Pommes de terre constituent une grande partie de la nourriture des Corbeaux durant l'Automne et l'Hiver; les Corbeaux trouvent très facilement celles qui ont été perdues ou oubliées à la surface des champs au moment de la récolte. Nous en avons rencontré dans l'appareil digestif de 49 Corbeaux mantelés. Mais, ce qui est beaucoup plus grave, c'est la présence de fragments de tubercules de Pommes de terre dans l'appareil digestif de 3 Corbeaux mantelés tués au mois de mai. On peut en déduire que le Corbeau tire de la terre, pour en faire sa nourriture, des germes de Pommes de terre, ou qu'il les arrache et les mange par hasard en capturant des Insectes nuisibles aux germes (par exemple les larves d'Elatérides).

40 Corbeaux, surtout ceux tués en Automne, avaient mangé des fruits de verger ou de forêt; 16 Corbeaux, tués pendant le mois de janvier, et qui cherchaient leur nourriture autour des villages et sur les routes, avaient avalé aussi différents déchets végétaux.

La majorité de la nourriture animale trouvée dans l'appareil digestif de 428 Corbeaux mantelés, adultes et jeunes, est représentée par des Insectes et autres Arthropodes, constatés dans 388 appareils, par des Mollusques, rencontrés dans 198 appareils, et par des petits Rongeurs (*Muridæ*) dans 80 appareils (17 % des appareils disséqués).

Le Corbeau mantelé mange, durant toute l'année, une grande quantité d'Insectes appartenant aux groupes les plus variés; il en est cependant qu'on ne trouve pas dans un tube digestif, ce sont les formes qui, vivant dans les bois, etc..., sont difficiles à capturer. Pendant toute l'année, il capture les Insectes qui vivent sur le sol et dans la terre; mais au Printemps, il mange surtout des Insectes qui habitent sur les plantes. Parmi ces Insectes se trouvent non seulement des formes nuisibles et utiles, mais aussi des espèces pourvues de moyens de défense. Par exemple, les imagos des *Coccinellidæ*, des larves et des imagos de différents *Chrysomelidæ*, qui sont protégés par les produits amers de leur sang, contre les Lézards et les Rainettes (CUÉNOT, 1896) représentent quelquefois une partie considérable de la nourriture des Corbeaux mantelés. Des Insectes répandant une forte odeur et aux couleurs vives, par exemple quelques espèces de *Geocoridæ*, sont aussi mangées par les Corbeaux mantelés (voir HEIKERTINGER, 1922) qui avalent aussi des chenilles de Bombyce chrysorrhée (*Arctornis chrysorrhœa*, Fuessl.).

Divers Mollusques, notamment des espèces nuisibles aux cultures agricoles, représentent une des principales proies des Corbeaux, ainsi que les Rongeurs nuisibles (*Microtinæ* et *Murinæ*). Les Vers de terre furent constatés 14 fois.

Dans 40 appareils digestifs, nous avons trouvé aussi, comme nourriture, des Oiseaux, puis, dans

14 appareils, des Poissons, dans 13, du gibier, dans
7, des Lézards, et dans 2, des Musaraignes. Les Oiseaux
ainsi que leurs œufs sont surtout mangés pendant les
mois d'avril, mai, juin et puillet, alors que les Corbeaux pillent les nids. A cette même époque, le Corbeau capture aussi du gibier (de jeunes Lièvres);
cependant nous avons rencontré aussi des restes de
gibier dans l'appareil digestif des Corbeaux tués dans
les mois de décembre et janvier. Nous avons surtout
trouvé des Poissons en Automne, saison des grandes
pêches dans nos étangs, et exceptionnellement au mois
de juin, chez des Corbeaux tués dans des terrains
inondés.

D'après les résultats des analyses qui viennent
d'être rapportées, nous concluons que le Corbeau
mantelé est beaucoup plus utile que nuisible à la sylviculture. Quant à l'agriculture, nous croyons qu'il
lui rend aussi plus de services qu'il ne lui occasionne
de dégâts, car on ne peut compter, comme une perte,
tous les grains de Céréales et autre nourriture semblable, qui, la plupart du temps doivent provenir de
champs ensemencés et mal hersés, ou de grains perdus.

Nous pensons que le Corbeau mantelé — et aussi
le Corbeau corneille — sont très nuisibles aux Oiseaux,
notamment au gibier à plumes; non seulement parce
qu'ils pillent les nids de jeunes Oiseaux et détruisent
les jeunes Faisans et Perdrix, mais aussi parce qu'ils
avalent une grande quantité d'œufs d'Oiseaux. Il est
vrai que nous n'avons pas constaté très souvent la
présence d'œufs dans l'appareil digestif des Corbeaux
disséqués ci-dessus (de jeunes Oiseaux et des œufs ne

furent trouvés que dans 40 appareils digestifs), mais
la faculté qu'ils ont de manger des œufs est bien
connue (voir par ex. FUCHS, 1909), et nous-même
avons eu l'occasion de le constater souvent dans les
cantons forestiers, où les Oiseaux étaient nombreux.
Les débris d'œufs sont difficiles à constater dans l'appareil digestif, non seulement parce qu'ils sont très
facilement digérés, mais surtout parce que les Corbeaux avalent le contenu des œufs sans manger beaucoup de coquilles.

Il faut reconnaître, en général, comme très utile,
la présence des Corbeaux mantelés dans les forêts, car
ils détruisent des quantités considérables de Ravageurs
forestiers, surtout ceux contre lesquels la lutte des
forestiers est très difficile et très coûteuse, par exemple
les Hannetons, les Hylobes, les chenilles de différents
Lépidoptères, etc... Quant à l'agriculture, il est vrai
que le Corbeau mantelé cause quelquefois de grands
dégâts pendant le temps des semailles, des moissons, etc., mais cependant, et sur ce point nous sommes
d'accord avec RŒRIG, nous pensons que les Corbeaux
rendent en général à l'agriculture beaucoup plus de
services utiles qu'ils ne lui causent de préjudices.

CORBEAU FREUX (*Corvus frugilegus*, Linné)

Le Corbeau freux est bien connu dans toutes les parties de notre Pays; cependant il ne niche pas partout; en Moravie, par exemple, cet Oiseau est très peu connu dans les Corbeautières; aussi, comme nous travaillons en Moravie, nous ne sommes en possession que des analyses du contenu de l'appareil digestif des Corbeaux migrateurs et de quelques jeunes individus reçus d'une petite corbeautière de Bohême (canton forestier de Stit, près de Chlumec-sur-Cidlina).

Parmi 28 Corbeaux freux tués pendant le mois de *janvier*, 7 avaient cherché leur nourriture dans les tas d'ordures des villes et des villages, sur les routes, autour des granges et des meules. Ces animaux avaient été tués à l'époque des grands froids, alors que la campagne était couverte de neige. Les 21 autres Corbeaux avaient cherché leur nourriture dans les champs et dans les prairies.

La nourriture des premiers varie beaucoup, car ces Oiseaux, souffrant de la faim, avaient avalé tout ce qu'ils avaient trouvé. 5 appareils digestifs renfermaient des grains ou des débris de grains de différentes Céréales (Blé, Avoine, Orge, Millet et Maïs).

Tous ces 7 appareils contenaient des excréments de Chevaux, du fumier, car ces Corbeaux étaient devenus charognards, mangeant des poils, des morceaux de chairs jetés, des coquilles d'œufs, des abattis d'animaux. Mais nous avons constaté aussi des fragments de caoutchouc, des morceaux de chiffons et de bois pourri dans les estomacs de ces Oiseaux. Nous avons trouvé aussi 2 fois des restes de Souris domestiques (*Mus domesticus*, L.) et 1 fois 1 *Blatta orientalis*, L. et 3 Punaises de lits (*Acanthia lectularia*, L.).

Les autres 21 Corbeaux freux renfermaient dans leur appareil digestif, non seulement des grains de Blé, de Seigle, d'Orge, mais aussi des grains d'Avoine, de Maïs, de Millet et des débris de Pommes de terre. Nous croyons qu'ils ont pris cette nourriture dans les chaumes non encore labourés et dans les champs ensemencés et mal hersés. Nous n'avons jamais trouvé de grains germés et pourtant ils étaient quelquefois si nombreux qu'ils représentaient la plus grande partie de toute la nourriture. Tous ces appareils renfermaient aussi des grains très nombreux de plantes non cultivées dont certaines étaient de mauvaises herbes; nous avons constaté aussi des fragments de feuilles d'Herbacées et des emblavages (dans 13 appareils digestifs), des aiguilles de Conifères et des glands de Chêne (*Quercus* spec?) plus ou moins nombreux (dans 6 appareils).

Le tube digestif de tous ces Corbeaux freux contenait aussi des Insectes plus ou moins nombreux et 8 fois des débris de Campagnols vulgaires (1, 2 et 3 Campagnols dans un estomac), en tout, 15 Campagnols vulgaires (*Microtus arvalis* [Pall.]). Parmi les

Insectes, les larves vivant dans la terre étaient les plus nombreuses, par exemple, celles de Zabre bossu (*Zabrus gibbus*, F.), d'Elatèrides, de Bibionides, à côté de nombreux et fins débris d'imagos de Coléoptères. Parmi ces restes chitineux, M. FLEISCHER a reconnu des *Phytonomus punctata*, F. et des *Sitona* spec. dif. Dans 3 appareils digestifs, nous avons trouvé aussi de nombreux débris de Limaces et d'Arions et, dans 4 autres, des débris de différents Mollusques.

Parmi les 31 Corbeaux freux tués au mois de *février*, 4 avaient ramassé leur nourriture autour des villes, des villages et sur les routes, pendant les gelées. Les 27 autres Corbeaux avaient cherché leur nourriture dans la campagne, surtout dans les champs. Le tube digestif de tous ces Corbeaux freux renfermait une nourriture pareille à celle que contenaient les Corbeaux tués en janvier, c'est-à-dire de la nourriture végétale, des Insectes, des Limaciens, des coquilles de Mollusques et des débris de Campagnols.

La nourriture végétale était surtout composée de grains de Céréales, jamais germés, et de graines de plantes non cultivées et des fragments de feuilles vertes. Nous avons constaté, dans 24 appareils digestifs, des Insectes plus ou moins nombreux, ainsi que leurs débris : 7, 12, 32, 61 et 83 larves de Zabre bossu (*Zabrus gibbus*, F.) dans chaque estomac, 23 larves d'Elatèrides dans un estomac, puis des larves de Bibionides, de Tipulides, des petites larves rougeâtres de Diptère (*Contarinia?*), des chenilles de Noctuelles (*Agriotidæ*), des débris de pupes très petites, que nous croyons être celles d'un Diptère, et des débris de grandes chrysalides de Noctuelle, probablement de la Noctuelle piniperde (*Panolis piniperda*, Panz.), etc. Une fois, nous avons constaté 13 chenilles poilues et fortement macérées, que nous pensons être celles de la Bombyce du Pin (*Gastropacha pini*, Ochsh.) et, une autre fois, des débris de bagues d'œufs de la Bombyce livrée (*Gastropacha neustria*, L.). Nous avons rencontré assez souvent, et en assez grand nombre, des débris fortement macérés de Coléoptères. M. FLEISCHER nous a déterminé, parmi ces restes de chitine, des Opâtres des sables (*Opatrum sabulosum*. L.) et des *Sitona* spec?. Dans un estomac, nous avons trouvé 21 Opâtres des sables encore presque intacts, à côté de fragments de *Coccinellidæ*. Les 11 Corbeaux freux avaient mangé de nombreux Arions et Limaces, qui sont quelquefois très nuisibles aux emblavages, dans notre Pays. Dans 5 appareils digestifs, nous avons constaté des fragments de coquilles de différents Gastropodes. Treize appareils digestifs renfermaient des débris de Campagnols et de Souris, par exemple, 3 Campagnols dans un seul estomac; en tout, nous avons constaté 27 Campagnols et Souris (*Microtinæ* et *Murinæ*). Dans un estomac, nous avons vu aussi des débris de chair et de plumes grisâtres d'un Oiseau que nous croyons être la Perdrix grise (*Perdix perdix* |L.]).

Les 23 Corbeaux tués dans le mois de *mars* avaient cherché leur nourriture dans la campagne, et cette nourriture ressemble beaucoup à celle trouvée dans l'appareil digestif des Corbeaux freux tués en février. Vingt Freux avaient mangé des grains de Céréales plus ou moins nombreux, des grains de plantes non cultivées et des fragments de feuilles vertes. Dans l'appareil des 3 autres Corbeaux, nous n'avons trouvé aucun grain de Céréales, mais nous avons observé des débris de feuilles vertes. Les grains de Céréales trouvés dans l'appareil digestif des 20 Corbeaux n'étaient jamais en germination.

La nourriture, qui se composait d'Insectes, était également la même que celle trouvée dans l'appareil des Corbeaux tués en février. Nous l'avons observée dans l'appareil digestif des 23 Corbeaux disséqués; elle comprenait principalement les larves et les chrysalides déjà nommées, et des débris d'Insectes et autres Arthropodes, que nous n'avons pu déterminer exactement. Mais les Insectes étaient, cette fois, beaucoup plus nombreux que chez les Corbeaux tués en janvier et février. Le plus souvent, nous avons trouvé des peaux de chenilles de Noctuelles (*Agrotidæ, Agrotis segetum*, Schiff.) et des débris de Limaces et Arions, qui étaient aussi en plus grand nombre. Par exemple, dans un seul gésier, nous avons trouvé les débris de 87 peaux de chenilles et de 31 Limaces et Arions. Dans un estomac, nous avons constaté aussi 39 téguments de larves de Hannetons (*Melolontha*). Les débris de Coléoptères étaient aussi, cette fois, plus nombreux que pendant les mois précédents. Nous avons déterminé les espèces suivantes : dans 4 appareils digestifs, des Anthonomes (*Anthonomus* spec?), dans 5, des Atomaires linéaires (*Atomaria linearis*, Steph.) qui sont, chez nous, très nuisibles aux Betteraves; chez 6 individus, différentes espèces d'Altices

(*Halticidæ*), chez 9, des *Cleonus punctiventris*, Germ., et d'autres *Cleonus* nuisibles aux Betteraves, chez 9 autres Freux, différentes espèces de Phyllobes (*Phyllobius* spec? dif.). Dans un tube digestif, nous avons trouvé des débris de 4 Chrysomeles du Tremble (*Melasoma tremulæ*, F.) et d'une Galeruque (*Galeruca* spec ?) ; chez un autre Oiseau, des débris de 12 Hylobes du Pin (*Hylobius abietis*, L.) et, dans 14 Freux, les restes d'Hylobes (*Hylobius* spec. dif.), que nous n'avons pu déterminer exactement. Dans 4 appareils digestifs, nous avons déterminé aussi des débris de Hannetons communs adultes (*Melolontha vulgaris*, L.). M. FLEISCHER nous a déterminé des débris chitineux très fins, les espèces suivantes : *Opatrum sabulosum*, L. dans 3 estomacs, *Otiorrhynchus ligustici*, L. dans 9 estomacs.

A côté des Insectes nommés jusqu'ici, nous avons rencontré aussi les formes suivantes : dans 4 appareils digestifs, des débris d'Araignées; dans 9 appareils, des *Schizophyllum sabulosum*, L., qui étaient surtout très nombreux dans un de ces appareils ; dans 10 estomacs, des fragments plus ou moins nombreux de différentes espèces de *Geocoridæ*; et, dans 13 appareils, des débris de Forficulides. Dans un appareil, nous avons trouvé, par exemple, 89 paires de pinces de Forficules. Quatorze estomacs contenaient aussi des débris plus ou moins nombreux de Limaciens et, dans un gésier, nous avons vu des fragments très nombreux de coquilles de différents Mollusques. Cinq Corbeaux freux avaient mangé aussi des Lumbricides et 7 Corbeaux avaient capturé différents Campagnols

(*Microtinæ*) et Souris (*Murinæ*). Dans un seul estomac nous avons trouvé les restes de 3 Campagnols vulgaires (*Microtus arvalis* [Pall.]).

Durant les mois de *mai* à *septembre*, nous n'avons analysé que 15 jeunes Corbeaux tués dans les nids, en *mai* et *juin*.

La plus grande partie de la nourriture de ces 15 individus est représentée par des Insectes. Nous n'avons rencontré de nourriture végétale que dans 7 appareils digestifs; dans 4 estomacs, nous avons trouvé 3 grains de Blé, 2 grains de Pois (*Pisum arvense*, L.), des débris de 8 Cerises (et pourtant une allée de Cerisiers se trouvait assez près de la corbeautière) et quelques graines de Fraises des bois (*Fragaria vesca*, L.), à côté de fragments de feuilles et d'aiguilles de Conifères récoltées probablement par les parents, avec de l'autre nourriture. Dans les 3 autres appareils nous n'avons constaté, comme nourriture végétale, que quelques fragments de feuilles et d'aiguilles.

La plus grande partie des Insectes trouvés dans l'appareil digestif des jeunes Corbeaux était représentée par des Hannetons (*Melolontha vulgaris*, L.), par des Hylobes du Pin (*Hylobius abietis*, L.) et par différentes espèces de chenilles nues et poilues. Nous avons rencontré les Hannetons dans 13 appareils digestifs et nous avons compté 36, 42, 57, 69, 81 et 112 pygidiums par estomac, à côté d'autres débris de cette espèce. Dans tous les 15 appareils digestifs, nous avons constaté des Hylobes, par exemple, 5, 9, 27, 33, 42, 52 et 96 exemplaires par estomacs. Parmi les Coléoptères, nous avons déterminé aussi : dans plusieurs estomacs, des débris de différentes Chrysomélides et de plusieurs Altices (*Halticidæ*) des champs et des forêts; dans 5 estomacs, des Cassides nébuleuses (*Cassida nebulosa,* L.) ; et, dans 6 estomacs, des Sylphes (*Silpha* [*Blitophaga*] spec ?) [larves et imagos] ; dans 4 estomacs, des débris de différents Capricornes (*Cerambycidæ*). Nous avons trouvé assez souvent plusieurs espèces de Charançons (*Apion* spec?, *Otiorrhynchus* spec?, *Cleonus* spec?, *Sitones* spec?, *Rhynchites* spec?, *Phyllobius* spec?, *Pisodes* spec?). Ensuite, différents *Lamellicornia* (*Geotrupes* spec. dif., 1 *Rhizotrogus* spec? et 17 *Pollyphylla fullo,* L., constatés dans 13 appareils digestifs), des Elatèrides et des Carabes (*Calosoma* spec?, *Carabus* spec. dif., *Harpalus* spec. dif.); des débris d'environ 10 Cicindèles champêtres (*Cicindela campestris,* L.) et d'autres Carabides rencontrés dans plusieurs appareils digestifs.

Souvent, les chenilles et autres larves étaient tellement altérées que nous n'avons pu les déterminer exactement. Nous avons observé différentes chenilles nues et poilues, petites et grandes, parmi lesquelles nous avons reconnu celles de différents *Geometridæ,* de *Noctuidæ,* de *Tortricidæ* et de petits *Tineidæ.* Nous avons trouvé aussi, 3 fois des débris de Lumbricides, 13 fois des restes de *Phalangidea* et *Araneæ,* 2 fois des Chilopodes (*Schizophyllum sabulosum,* L.), 10 fois des débris de différents *Geocoridæ.* Dans 5 appareils, nous avons trouvé quelques débris de Diptères et d'Hyménoptères adultes; dans 4 appareils, des larves de *Tenthredinidæ.* Chez 5 individus, nous avons trouvé des fragments de chrysalides et d'imagos de Lépidoptères; chez 5 autres, des débris de Forficules.

Dans 4 tubes digestifs, nous avons observé des Grillons et des Sauterelles, à côté d'autre nourriture. Trois appareils digestifs renfermaient des débris de différentes Fourmis; 5 appareils contenaient des débris de petites Limaces ou Arions, et 3 autres, des fragments de coquilles de toutes petites Hélices (*Helix* spec?) Nous avons trouvé aussi, dans 3 estomacs, des débris de Campagnols vulgaires (*Microtus arvalis* [Pall.]).

Le contenu de l'appareil digestif des 31 Freux tués pendant les mois d'*octobre*, ressemblait assez à la nourriture des individus tués dans le mois de mars. Leur appareil digestif renfermait de la nourriture végétale et animale, mais la première se trouvait en plus grande quantité que la seconde. Les grains de Céréales, surtout les grains de Blé, d'Orge, de Seigle et d'Avoine, représentaient la plus grande partie de la nourriture végétale; nous l'avons rencontrée dans les 31 appareils digestifs. Mais nous croyons que presque tous ces grains avaient été récoltés dans les champs non encore labourés, car ils étaient très souvent recouverts de leurs glumelles; nous ne pensons pas qu'ils aient été volés dans les granges ou après les meules, car à cette époque les Corbeaux freux ne sont pas encore si hardis que pendant l'hiver, quand ils souffrent de la faim. Nous avons trouvé aussi quelques grains de Maïs et de Haricots. Mais aucun de ces grains n'était en germination. Les graines de plantes non cultivées se trouvaient en petit nombre, dans ces 31 tubes digestifs. Nous avons trouvé également des fragments de feuilles.

Nous avons trouvé de la nourriture animale dans l'appareil digestif de tous ces Freux, mais en moins grande quantité qu'au printemps. Nous avons constaté le plus souvent les larves de Zabres bossus (*Zabrus gibbus*, F.), de différentes espèces d'Elatèrides et de Bibionides, des débris de larves de Tipulides, des larves de Hannetons (*Melolontha*) et des chenilles de différentes Noctuelles (*Agrotis* spec. dif.), mais surtout de Noctuelle des moissons (*Agrotis segetum*, Schiff.). Dans un estomac, nous avons rencontré, par exemple, 12 larves de Zabres bossus, dans un autre, 33 larves de cette espèce, dans un troisième, 73 peaux macérées de chenilles de Noctuelles et 16 larves d'Elatèrides. Chez un individu, nous avons rencontré des fragments très nombreux de toutes petites larves de Diptère et, dans 3 autres, des débris de grandes chrysalides de Lépidoptères (probablement de la Noctuelle piniperde [*Panolis piniperda*, Panz.], car nous avons constaté aussi, dans ces 3 appareils, des débris d'aiguilles du Pin sylvestre avec des fragments de Lichens et de Mousse). Chez un autre individu, qui contenait aussi de la nourriture végétale semblable à celle de ces 3 précédents, nous avons trouvé des peaux de 77 chenilles poilues, que nous croyons être celles de Bombyce du Pin (*Gastropacha pini*, Ochsh.). Parmi des restes chitineux très fins, M. FLEISCHER nous a déterminé les espèces suivantes : 4 Galeruques (*Galeruca tanaceti*, L.), *Sitona* spec?, assez souvent et en assez grand nombre, et de nombreux débris de différentes espèces de Charançons (*Curculionidæ*). Dans l'appareil digestif de 3 Corbeaux freux, tués dans des pays inondés au mois de *juin*, nous avons trouvé de nombreux débris de différents Insectes aquatiques, des Oligochètes et des fragments de coquilles de différentes espèces de Gastropodes. Pareille nourriture se trouvait dans l'estomac d'un Freux tué aux environs d'un étang asséché. Cet Oiseau avait avalé aussi des petits Poissons. Dans 12 appareils, nous avons vu des débris de Limaces ou d'Arions et ceux de coquilles de très petits Mollusques ramassés dans les champs. Cinq Corbeaux avaient mangé des Campagnols vulgaires (*Microtus arvalis* [Pall.]).

En *novembre*, nous n'avons analysé que 9 appareils digestifs de Corbeaux freux. La nourriture de 3 de ces Animaux se composait surtout de matières végétales, tandis que la nourriture animale était beaucoup plus rare. Les 6 autres Corbeaux avaient mangé beaucoup plus d'Insectes et autres Animaux que de nourriture végétale. Cette dernière se composait surtout de Pommes de terre, dont nous avons trouvé des débris dans 8 appareils digestifs. Ensuite, nous avons constaté, dans 5 appareils, des grains de Céréales (Blé, Orge, Seigle et Avoine), parmi lesquels ceux d'Avoine étaient les plus nombreux. Mais nous n'avons jamais trouvé un seul grain de plantes non cultivées ou de mauvaises herbes, dans ces 9 appareils. Un estomac contenait aussi de nombreux fragments d'un Champignon.

La nourriture animale de tous ces Freux est représentée surtout par différentes larves vivant dans la terre des champs; par exemple, par les larves de Zabres bossus (*Zabrus gibbus*, F.) rencontrées dans ces 9 appareils (90 larves au maximum dans un estomac), par des larves d'Elatèrides constatées dans 5 appareils (4, 5, 13, 65 et 103 larves par estomac) et des chenilles de Noctuelles (*Agrotidæ*), par exemple, 2, 38, 96 chenilles par estomac; toutes ces larves représentent la majorité de la nourriture animale. A côté d'elles, nous avons trouvé aussi des fragments de Coléoptères et d'autres Insectes et Arthropodes, que nous n'avons pu déterminer plus exactement, car ils étaient trop macérés. Dans 3 estomacs, nous avons trouvé des restes assez nombreux d'Arions et Limaces (*Arion, Limax*) plus ou moins macérés, et dans 5 estomacs, des fragments de coquilles de différents Mollusques. Trois Corbeaux avaient mangé des Campagnols (*Microtinæ*).

Neuf Freux, tués en *décembre*, avaient mangé de la nourriture animale et végétale. Les 5 premiers avaient ingéré beaucoup plus de débris végétaux que de nourriture animale, tandis que chez les 4 autres Corbeaux, c'était l'inverse qui s'est produit. Huit Freux avaient mangé des grains de Céréales (Blé, Seigle, Orge, Avoine et Maïs) qui étaient quelquefois très nombreux. Ainsi nous avons trouvé, dans un appareil 100, dans un autre 150 grains de Blé. Ces grains n'étaient jamais germés. Nous avons trouvé aussi, une fois, quelques débris de Noix (*Juglans regia*, L.). Les estomacs de 6 Corbeaux contenaient des grains de plantes non cultivées de mauvaises herbes et d'arbres forestiers : Folle avoine (*Avena fatua*, L., déterm. M. APPL), Persicaire (*Polygonum persicaria*, L.), Jonc des chaisiers (*Scirpus lacustris*, L., déterm.

M. APPL), de l'Aubépine (*Crategus* [*oxyacantha*, L.], *monogyna*, Jacq. ou C. [*oxyacantha*, L.], *oxyacanthoides*, Thuill.), du Sorbier (*Sorbus* spec?), des Ronces (*Rubus* spec?), [déterm. M. APPL], Robinier (*Robinia Pseudo - Acacia*, L.), Charme (*Carpinus Betulus*, L.), Chêne (*Quercus* spec?), Hêtre (*Fagus sylvatica*, L.), et des grains de Morelle noire (*Solanum nigrum*, L.) [déterm. M. APPL]. Dans les estomacs de tous ces Corbeaux, nous avons trouvé aussi des fragments de feuilles végétales.

La nourriture animale se composait de larves de Zabres bossus (*Zabrus gibbus*, F.), que nous avons trouvées plus ou moins nombreuses dans tous les appareils digestifs disséqués, de larves d'Elatèrides, de peaux macérées de chenilles (*Agrotidœ*) et de larves et cocons d'Hyménoptères (*Tenthredinidœ*; par exemple 4, 6 larves et 12, 16 cocons par estomac), trouvées aussi dans tous ces appareils digestifs. Nous avons constaté aussi différentes espèces de larves de Diptères, des restes de chrysalides des Lépidoptères et des fragments de Coléoptères, parmi lesquels des restes de Charançons (*Curculionidœ*) et de petits Carabes (*Carabidœ*) étaient en plus grand nombre. Trois Corbeaux avaient mangé des Limaces (4, 27, 41 Limaces dans chaque estomac), et 2 autres, différentes espèces de Gastropodes dont nous avons trouvé de nombreux fragments de coquilles dans leur appareil digestif. Ces derniers Corbeaux avaient été tués dans un pays inondé en été. Dans 2 estomacs, nous avons trouvé des débris de petits Rongeurs (*Microtinœ* et *Murinœ*).

Pendant notre séjour, durant les vacances de Noël, en 1925, dans la maison forestière de Stara Voda-Kratonohy (Bohême), nous avons trouvé dans la forêt quelques centaines de cadavres gelés de Corbeaux freux. Ayant fait l'analyse de l'appareil digestif de 123 Corbeaux morts, nous avons trouvé des Campagnols vulgaires (*Microtus arvalis* [Pall.]) ou des Souris (*Mus* spec?) dans tous leurs appareils digestifs. Par exemple, dans un appareil, nous avons trouvé 1, 2, 3 petits Rongeurs ou leurs débris, en tout 136 individus (*Microtinæ* et *Murinæ*) dans 123 tubes digestifs. A côté de cette nourriture, nous avons rencontré aussi une nourriture animale et végétale pareille à celle que contenait l'appareil des 9 Corbeaux précédents. Dans quelques-uns de ces 123 estomacs, nous avons trouvé quelques grains d'Avoine décortiqués et colorés en rouge foncé : c'était des grains à la Strychnine. L'analyse chimique de quelques autres contenus de tubes digestifs a décelé la présence de Phosphore ! Ces Corbeaux avaient donc été empoisonnés en avalant, soit des appâts strychninés ou phosphorés répandus pour tuer les Campagnols, soit les cadavres des Campagnols empoisonnés.

Nous avons analysé le contenu de l'appareil digestif de 269 Freux : 146 avaient été abattus et 123 avaient été trouvés empoisonnés. Parmi les 146 Corbeaux, 131 étaient des adultes et avaient été tués dans les mois de *janvier, février, mars, octobre, novembre* et *décembre* et, par conséquent, au moment de leur migration ; les 15 autres étaient des jeunes, tués au nid pendant les mois de *mai* et *juin*.

La nourriture des individus migrateurs était la suivante : 11 Corbeaux poussés par la faim avaient cherché leur nourriture autour des agglomérations et sur les routes, et les 120 autres s'étaient nourris dans la campagne. Les Oiseaux migrateurs avaient ingéré des matières végétales et animales.

Il faut encore ajouter que nous avons rencontré dans leur appareil digestif des matières minérales, surtout anorganiques, quelquefois très nombreuses; nous y avons trouvé des cailloux, du sable et aussi, dans la plupart, des fragments de houille, de coke, de scories, de mortier, de briques, etc..., qui étaient quelquefois beaucoup plus nombreux que les cailloux; ces matériaux ont été avalés par mégarde, en même temps que la nourriture qui reposait sur le sol. Nous avons constaté la présence de ces matériaux beaucoup plus souvent chez les Corbeaux freux, les Corbeaux corneilles et les Corbeaux mantelés, que chez les Corbeaux choucas. Mais les jeunes Corbeaux freux présentent une exception : dans leur appareil digestif nous n'avons pas du tout rencontré de matières anorganiques, quoique ces Animaux aient mangé aussi quelques grains de Céréales.

La nourriture végétale des Corbeaux freux adultes se composait surtout de fragments de feuilles et autres parties végétatives de différentes plantes sauvages et cultivées; nous l'avons constaté dans 123 appareils. Dans 121 estomacs, nous avons trouvé aussi des grains de Céréales et des grains d'autres plantes cultivées, dans les champs. Ces deux sortes de nourriture végétale furent rencontrées, le plus souvent et en plus grande quantité, dans les estomacs des Corbeaux freux tués de *janvier* à *mars* et en *octobre*. Nous n'avons jamais eu l'occasion de constater des grains germés. Puis nous avons trouvé, dans les estomacs de 116 Freux adultes, des graines de plantes non cultivées, notamment de mauvaises herbes. Nous avons constaté, en grande quantité, cette nourriture dans presque tous les appareils digestifs des Freux tués en *janvier*, *février* et *mars*. Les Corbeaux tués en *octobre* et les 6 Corbeaux abattus en *décembre* renfermaient également cette nourriture, mais en beaucoup plus petite quantité. Nous avons trouvé aussi des fragments de Pommes de terre, chez 21 Corbeaux tués en *janvier* et chez 8 individus tués en *novembre* ; 29 Corbeaux avaient donc mangé des Pommes de terre perdues ; 12 Corbeaux avaient mangé des grains d'arbres forestiers et nous avons constaté, une fois, des Noix ; 17 Corbeaux, tués en hiver, à l'époque de grandes gelées, avaient ingéré aussi différents débris végétaux, trouvés autour des villes, des villages et sur les routes.

La nourriture animale des Corbeaux freux adultes, constatée dans 131 appareils digestifs, était représentée 113 fois par différents Insectes, mais surtout par des Insectes nuisibles, quelquefois même très nuisibles aux champs et forêts. Soixante-trois individus avaient mangé des Mollusques, parmi lesquels des Mollusques nuisibles aux cultures de Céréales, comme les Arions et Limaces. Quarante Corbeaux abattus avaient capturé des petits Rongeurs nuisibles (*Microtinœ* et *Murinœ*) trouvés également chez 123 Corbeaux freux empoisonnés. Dans 5 estomacs, nous avons rencontré des fragments de Lumbricides, dans un, des débris d'une Perdrix grise (mois d'avril), et dans un autre (en automne), des restes de Poisson. Onze Corbeaux tués durant les grandes gelées, et quand la campagne était couverte de neige, avaient mangé différents débris d'Animaux morts trouvés autour des villages et des villes. Ce sont donc les Insectes qui représentent la plus grande partie de la nourriture animale; ils sont mangés durant toute l'année, mais pendant les mois de janvier, février et mars ils sont plus nombreux qu'en automne. Ils sont représentés surtout par des espèces vivant dans la terre des champs et très nuisibles aux cultures; nous avons trouvé néanmoins quelques Insectes utiles.

Le contenu du tube digestif de 15 jeunes Freux tués au nid est complètement différent de celui de l'appareil digestif des adultes migrateurs. Il se compose surtout d'Insectes (dans les 15 estomacs), puis de Mollusques (chez 8 individus), de petits Rongeurs (chez 3) et d'Oligochètes (chez 3 également). La nourriture végétale, en petite quantité, est représentée surtout par des fragments de plantes récoltés par les vieux Corbeaux, avec de l'autre nourriture, et par des grains de Céréales très peu nombreux. Les Insectes capturés par ces jeunes individus ne sont pas seulement des formes vivant dans la terre et sur le sol, mais aussi différentes espèces d'Insectes voltigeant et grimpant. La nourriture de ces jeunes Freux est à peu près la même que celle des jeunes Corbeaux mantelés tués dans les nids, et même que celle des Corbeaux mantelés adultes tués aux mêmes époques.

Comme nous l'avons indiqué, le tube digestif des jeunes Freux était dépourvu de sable, de cailloux et de toute autre matière minérale.

Bien que le Corbeau freux mange des grains de Céréales et d'autres produits de l'agriculture, nous pensons qu'aux époques d'émigration, cet Oiseau rend à l'agriculture plus de services, en détruisant de nombreux Ravageurs, qu'il n'occasionne de dégâts. L'examen de la nourriture trouvée dans l'appareil digestif des jeunes Corbeaux freux tués au nid montre que, pendant l'époque de nidification, les Freux adultes ne rendent pas moins de services à l'agriculture et à la sylviculture que pendant les époques de passage; à cette époque, ces Animaux sont même beaucoup plus utiles que les Corbeaux corneilles et les Corbeaux mantelés.

CORBEAU CHOUCAS (*Colœus monedula*, Linné)

Le Corbeau choucas est un Oiseau commun chez
nous. Dans certaines régions, il est très nombreux
à l'époque de nidification et alors parfois assez
incommodant ; mais on ne le tue qu'exceptionnellement. Nous avons disséqué 139 individus.

En *janvier*, nous avons examiné 11 Choucas. Trois
avaient été tués à une époque où la neige était
abondante et où il avait gelé fortement ; leur appareil
digestif renfermait des déchets divers et des excréments de Cheval ; ces Oiseaux avaient avalé aussi
différents débris de végétaux et d'animaux. Dans un
de ces estomacs, nous avons rencontré des bagues
d'œufs de la Bombyce livrée (*Gastropacha neustria*,
L.) ; les 8 autres Corbeaux avaient cherché leur
nourriture dans les champs. Ils avaient ingéré des
débris de feuilles vertes et des Pommes de terre
trouvés avec de nombreux débris de graines de
mauvaises herbes, de plantes sauvages et 2 grains de
Millet (*Panicum milliaceum*, L.) [ceux-ci dans un
estomac]. Dans ces 8 tubes digestifs, nous avons
rencontré les restes plus ou moins nombreux de larves
de Zabres bossus (*Zabrus gibbus*, F.), de Noctuelles

(*Agrotis* spec. dif.), d'Elatèrides et d'autres larves que nous n'avons pu déterminer exactement. Dans ces 8 appareils nous avons trouvé aussi des débris d'*Helicidœ*. Dans 1 appareil digestif nous avons trouvé 76 larves de Bibions (*Bibio* spec?) et, dans 2 autres, des bagues d'œufs de la Bombyce livrée (*Gastropacha neustria*, L.). Chez un individu, nous avons observé des débris chitineux de Coléoptères, parmi lesquels M. FLEISCHER a reconnu des restes de *Phytonomus punctata*, F. et de *Sitona* spec. dif.

La nourriture de 8 Corbeaux choucas, tués en *février*, ne se distingue pas beaucoup de celle des individus tués en janvier. Nous avons trouvé, une fois, des grains de Blé, une fois, des grains de Blé et d'Orge et, une autre fois, des grains d'Avoine et de Maïs; ces grains n'étaient jamais très nombreux, 10 au maximum dans un estomac. Dans ces 8 tubes digestifs. nous avons rencontré des débris de grains de différentes plantes sauvages et des fragments de feuilles. Dans ces mêmes appareils nous avons trouvé aussi des débris chitineux d'Insectes. Nous avons pu déterminer des chenilles de Noctuelle (*Agrotis* spec. dif.), des petites chenilles poilues que nous croyons être celles de la Bombyce chrysorrhée (*Arctornis chrysorrhœa*, Fuessl.), des larves de Zabres bossus (*Zabrus gibbus*, F.) et celles d'autres Carabes (*Carabidœ*), des larves d'Elatèrides, de Bibionides et de Tipulides. Nous avons trouvé aussi, une fois, des débris de larves de Hannetons (*Melolontha*) et d'un autre *Lamellicornia* (13 larves en tout, à côté de l'autre nourriture). Une autre fois, nous avons vu des débris de toutes

petites larves rougeâtres d'un Diptère, que nous
croyons appartenir au genre *Contarinia*. Dans 2 appareils digestifs nous avons trouvé, en assez grand
nombre, des bagues d'œufs de la Bombyce livrée
(*Gastropacha neustria*, L) ; dans un seul gésier, nous
avons compté 13 bagues d'œufs. Nous avons observé,
4 fois, des débris de Chrysalides de grands Lépidoptères (*Noctuœ*), 3 fois, des restes de pupes brunes
et toutes petites, qui ressemblaient beaucoup à des
grains de Millet; nous croyons qu'elles appartenaient
à un Diptère. Dans 2 estomacs, nous avons trouvé
des débris de Limaces (5 *Limax* spec?), dans 3 autres,
des fragments de coquilles de différentes *Gastropodes*.
Tous ces 8 appareils renfermaient aussi de nombreux
débris, plus ou moins macérés, de différents Coléoptères, en général de petits Charançons (*Curculionidœ*) et de petits *Carabidœ*.

Parmi les 22 appareils digestifs de Choucas, tués
en *mars*, 8 ne contenaient que de la nourriture
végétale, 9 autres, de la nourriture végétale et animale
et, les 5 derniers, rien que des Animaux, surtout des
Insectes et autres Arthropodes. Dans l'appareil des
8 premiers Corbeaux, nous avons trouvé, 2 fois, des
grains d'Orge (15 et 23 grains), 2 fois, quelques
restes de grains de Blé à côté de petites graines de
plantes sauvages, 2 fois, rien autre que des débris
de plantes non cultivées et, 2 fois, des fragments de
feuilles vertes de plantes cultivées ou sauvages.

L'appareil des 9 autres Corbeaux renfermait,
3 fois, des grains de Céréales et de plantes non
cultivées, des fragments de feuilles vertes et des débris

d'Insectes. Les 6 autres fois, nous avons trouvé de la nourriture composée de graines de plantes non cultivées, de fragments de feuilles vertes, d'Insectes et, en général, d'autres Animaux. Au total, nous avons rencontré, 7 fois, des grains de Céréales, 13 fois, des grains de plantes non cultivées et, 15 fois, des fragments de feuilles vertes; nous avons observé, 14 fois, de la nourriture animale.

Parmi les grains de plantes non cultivées ou des grains d'arbres, nous avons reconnu les espèces suivantes : Traînasse (*Polygonum avicularœ*, L.), Monnoyère (*Thlaspi arvense*, L.), *Chenopodium album*, L. et *Chenopodium* spec. dif., Matricaire (*Matricaria inodora*, L.), *Galeopsis Tetrahit*, L., Bluet (*Centaurea cyanus*, L.), Jouet du vent (*Agrostis Spicaventi*, L.), Vrille sauvage (*Polygonum convolvulus*, L. et *Polygonum* spec. dif.), Spargoute (*Spergula arvensis*, L.), Vesces (*Vicia* spec. dif.). Les graines de ces plantes (déterm. par M. APPL) étaient quelquefois assez nombreuses et constituaient la plus grande partie de la nourriture végétale.

Parmi les Insectes, nous avons pu déterminer des larves de Zabres bossus (*Zabrus gibbus*, F.), d'Elatèrides, de Bibions (*Bibio* spec?), de Tipules (*Tipula* spec ?), qui étaient les plus nombreuses. Puis des larves de Hannetons (*Melolontha* spec?), de Charançons (*Curculionidœ*), des peaux de chenilles de Noctuelles (*Agrotidœ, Agrotis segetum*, Schiff.). Dans un appareil digestif, nous avons vu beaucoup de larves (plus de 200), petites, rougeâtres et fortement macérées, probablement d'une *Contarinia* ou d'une

Cecidomyia. Dans un autre estomac, nous avons trouvé aussi 3 larves de Tenthrèdinides.

Parmi les Coléoptères, nous avons reconnu des débris d'imagos, plus ou moins nombreux, de Taupins (*Agriotes* spec?) et d'autres Elatèrides, de quelques Anthonomes (*Anthonomus* spec?), de *Sitona? lineatus,* L., de *Cleonus (Bothynoderes)? punctiventris,* Germ.; nous avons trouvé ces derniers dans 6 appareils digestifs, au nombre de 4 à 5 dans un seul appareil. Dans 5 tubes digestifs, nous avons rencontré des débris d'Altices (*Halticidæ*), d'*Otiorrhynchus* spec. dif., de *Ceutorrhynchus* spec?; chez 2 individus, nous avons trouvé les restes de 16 Hylobes (*Hylobius? abietis,* L.); nous avons observé aussi, 4 fois, des débris de différentes Chrysomeles (*Melasoma* spec?, *Galeruca* spec?, *Phyllodecta* spec?) et, dans un seul gésier, des débris de 3 Hannetons communs (*Melolontha vulgaris,* L.). Mais nous avons eu l'occasion de trouver aussi, dans 9 de ces appareils digestifs, des Insectes utiles comme, par exemple, des Cicindèles et des Carabides.

Ensuite, nous avons trouvé des débris de quelques Diplopodes (*Schizophyllum sabulosum,* L.), des débris de Lumbricides trouvés 4 fois, des Limaces rencontrées 5 fois, et des débris de nombreux Gastropodes, dans un seul estomac. Deux Corbeaux choucas avaient aussi avalé 1 Campagnol et 1 Souris (*Microtus* spec? et *Mus* spec?), dont nous avons trouvé quelques débris.

La nourriture de 8 Choucas, tués en *avril,* ne se distingue pas beaucoup de celle trouvée chez les individus abattus en mars. Dans 2 tubes digestifs, nous avons trouvé quelques débris de grains de plantes cultivées, par exemple, de Millet et d'une Céréale indéterminée. Chez 4 autres individus, nous avons rencontré des petites graines de plantes non cultivées; dans les 8 appareils digestifs, nous avons trouvé des fragments de feuilles, d'Insectes et autres Arthropodes plus ou moins nombreux et quelquefois très macérés.

Parmi les Insectes, les larves de Hannetons (*Melolontha*) étaient les plus nombreuses, par exemple, 28 larves dans un seul estomac, puis des imagos d'*Harpalus* spec. dif., qui étaient les plus nombreux parmi les imagos de Coléoptères que nous avons pu déterminer exactement. Nous avons également déterminé des débris de quelques grands Carabes (*Carabus* spec. dif.), de 13 Hylobes (*Hylobius* spec. dif.), 1 *Histere* spec? Nous avons constaté aussi, 1 fois, les restes d'un Lézard (*Lacerta* spec?).

Les 31 Corbeaux choucas tués en *mai* étaient surtout insectivores et carnivores. Nous n'avons constaté que, 2 fois, quelques fragments de feuilles et d'aiguilles de Conifères. Mais nous croyons que cette nourriture fut avalée par hasard avec les Insectes, qui représentent la plus grande partie de la nourriture de ces Choucas.

Parmi les Insectes avalés par ces 31 Oiseaux, nous avons observé des larves vivant dans la terre des champs, quelquefois en une assez grande quantité. C'étaient celles de Zabres bossus (*Zabrus gibbus*, F.) et d'Elatèrides, des chenilles de Noctuelles (*Agrotis segetum*, Schiff. et *Agrotis spec?*), des Bibions (*Bibio Marci*, L. et *Bibio hortulanus*, L.), de Tipulides, de

Hannetons (*Melolontha* spec?) et d'autres *Lamelli-cornia*, des larves de Charançons (*Curculionidæ*), parmi lesquelles les larves de *Cleonus? punc tiventris*, Germ. étaient les plus nombreuses. Dans 4 estomacs, nous avons trouvé aussi des larves noires de Sylphes (*Silpha* [*Blitophaga*] spec?) et des larves vertes de Cassides nébuleuses (*Cassida nebulosa*, L.). Nous avons trouvé aussi, très souvent et en plus grand nombre, des chenilles nues et poilues. Elles étaient si nombreuses que le contenu de quelques appareils digestifs ne se composait que de débris de ces Animaux. Parmi ces chenilles, nous avons déterminé les espèces suivantes : Bombyces livrées (*Gastropacha neustria*, L.), Bombyces chrysorrhées (*Arctornis chrysorrhœa*, Fuessl.) et la Nonne moine (*Liparis monacha*, L.), dans 6 appareils digestifs. Chez 6 autres Choucas, nous n'avons rencontré que des débris de chenilles de Nonne moine et de Bombyce du Pin (*Gastrcpacha pini*, Ochsh.); dans un estomac, nous avons observé des chenilles d'Orgyes (*Orgyia? antiqua*, L.), de Dasychire (*Dasychira* spec?), de *Porthesia* spec ? Dans 15 estomacs, nous avons trouvé des chenilles d'*Aporia? crategi*, L., de différents *Geome-tridæ* très nombreux, surtout de Phalène effeuillante (*Hibernia defoliaria*, Cl.) et de Phalène hiémale (*Cheimotobia brumata*, L.) et, le plus souvent et en plus grand nombre, des chenilles de Torteuses, surtout des chenilles de la Torteuse verte (*Tortrix viridana*, L.). Nous avons trouvé aussi de nombreux débris de chenilles, petites ou grandes, nues ou poilues, que nous n'avons pu déterminer exactement (par exemple, des petites chenilles brunes et rougeâtres de différentes espèces de Teignes (*Tineidæ*), chez de nombreux individus). Nous avons observé aussi, plusieurs fois, chez des Choucas tués en mai, des larves d'Hyménoptères, surtout de chenilles de différentes Tenthrèdinides.

Quant aux Coléoptères, nous avons trouvé plusieurs fois plusieurs Cicindèles et Carabes, par exemple, 1 *Cicindela campestris*, L., 1 *Cicindela silvatica*, L., des débris de plusieurs *Cicindela* spec?, 3 *Calosoma sycophanta*, L., des débris de *Calosoma* spec?, des *Carabus* spec. dif., des *Harpalus* spec. dif., des *Pœcilus* spec. dif. et des *Amara* spec. dif. Dans 14 appareils digestifs, nous avons constaté des imagos de Sylphes (*Silpha opaca*, L. et *Silpha* spec. dif.). Nous avons constaté de très nombreux Hannetons (*Melolontha vulgaris*, L. et *M. hippocastani*, F.) dans 19 appareils digestifs, tandis que les Cerf-volants (*Lucanus cervus*, L.) et le Hanneton foulon (*Polyphylla fullo*, L.) ne furent trouvés que chez 2 individus. Les imagos de différentes espèces de *Geotrupidæ, Aphodidæ, Elateridæ*, des larves et des imagos de différents Chrysomélides et des imagos de Charançons (*Curculionidæ*) furent trouvés dans presque tous les appareils disséqués. Dans 12 de ceux-ci, il y avait aussi des débris de différents *Coccinellidæ* et, dans 5, des fragments de petits et grands Capricornes (*Cerambycidæ*). Parmi les Charançons (*Curculionidæ*), les Hylobes du Pin (*Hylobius abietis*, L.) et différents *Cleonus* nuisibles aux cultures de Betteraves, étaient les plus nombreux. Nous avons constaté aussi, une fois, des débris d'une *Meloë proscarabeus*, L.) et, une autre fois, 2 Cantharides du Frêne (*Lytta vesicatoria*, L.) encore presque intactes.

A côté des formes citées, nous avons trouvé très souvent des restes d'autres Insectes et Arthropodes fortement macérés, que nous n'avons pu déterminer exactement. Nous avons constaté, par exemple, plusieurs fois des débris de *Coccidæ* (très nombreux dans 1 gésier), *Cicacidæ* (dans 9 estomacs), *Phalangidea*, *Aranea*, *Diplopoda* et *Chilopoda* ; ainsi, dans un estomac, des débris de 4 à 5 Julides. L'appareil digestif des Corbeaux choucas qui avaient mangé des Insectes nuisibles aux Betteraves contenait aussi des débris fortement macérés de *Geocoridæ*, probablement de *Piesma capitata*, Wolff. Dans 3 appareils, nous avons trouvé des débris de larves rougeâtres de *Contarinia* ou de *Cecidomyia* et, chez plusieurs autres individus, des fragments d'imagos de Diptères et de Lépidoptères. Nous avons trouvé, 9 fois, des *Libellulidæ* et des *Forficulidæ*, 3 fois, des Grillons (*Acheta* [*Gryllus*] spec?), 4 fois, des débris de Taupes-Grillons (*Gryllotalpa gryllotalpa*, L.), 5 fois, des débris de Sauterelles (*Locustidæ*) et, 8 fois, des débris de différentes Fourmis, à côté de restes chitineux très fins d'autres Insectes et Arthropodes. Deux Choucas avaient capturé aussi des Arions et des Limaces; 14 avaient avalé des Gastropodes divers.

Trois individus avaient aussi, dans leur appareil digestif, des débris d'œufs d'Oiseaux et les 4 Choucas tués vers la fin du mois de mai avaient mangé 5 petits Oiseaux.

En *juin*, nous n'avons pu examiner que 13 Choucas adultes et 5 jeunes tués au nid. La nourriture de ces 13 adultes ne varie pas beaucoup de celle des adultes abattus en mai. Nous avons trouvé, 6 fois, de la nourriture végétale : dans 2 appareils quelques grains d'Orge: dans 1, de rares grains de Millet; dans 3, quelques fragments de feuilles d'Herbacées, des aiguilles de Conifères et des restes de bourgeons d'arbres feuillés. Avec cette nourriture, il y avait de nombreux Insectes et des débris chitineux. Sept Choucas n'avaient mangé que des Insectes et autres Arthropodes. Parmi les Insectes, nous avons trouvé toutes les espèces dont nous avons déjà parlé à propos des Corbeaux tués le mois précédent. Nous ajoutons seulement que les larves de Zabres bossus et les imagos de Hannetons étaient moins nombreux qu'en mai, tandis que les chenilles de Lépidoptères et de différentes Tenthrèdes, les larves et imagos de divers Chrysomèles étaient, cette fois, en plus grand nombre. Quant aux Coléoptères, ce sont aussi les mêmes espèces que celles trouvées en mai. Dans l'estomac d'un Corbeau choucas, nous avons trouvé plus de 110 *Aphodius prodromus*, Brahm., et des débris de plus de 40 imagos d'une Noctuelle, à côté de débris de nombreuses chenilles poilues et de larves de Tenthrèdes. Dans un seul estomac, nous avons trouvé 51 chenilles de Nonne moine (*Liparis monacha*, L.) et 86 têtes des mêmes chenilles, à côté de 15 Hylobes du Pin (*Hylobius abietis*, L.). M. FLEISCHER a encore reconnu les espèces suivantes, en examinant les restes chitineux très fins : *Rhizotrogus* spec ? *Aphodius prodromus*, Brahm., *Seminolus pilula*, L., *Seminolus arietinus*, Steff., *Cytilus sericea*, Forster, *Phytonomus punctatus*, F., *Sitona* spec?, *Otiorrhynchus ligustici*, L., *Otiorrhynchus* spec? et *Galeruca tanaceti*, L.

L'appareil digestif de 5 jeunes Choucas, tués dans 4 nids différents, ne renfermait que des Insectes, surtout des Insectes mous comme des chenilles, nues et poilues, des larves d'Hyménoptères (par exemple, *Tenthredinidæ*), des débris de Hannetons, d'Hylobes, de chrysalides de Torteuses vertes (*Tortrix viridana*, L.). Dans un appareil, nous avons rencontré des restes de 5 Limaces et, dans ces 5 estomacs, des débris de 13 Cerises noires (*Cerasus avium*, L.).

L'appareil digestif de 9 Corbeaux choucas, tués en *juillet*, contenait une nourriture qui variait avec les endroits où elle avait été ramassée. Les chenilles, et même quelquefois les chrysalides de Nonne moine (*Liparis monacha*, L.), représentaient la plus grande partie de la nourriture de 4 Corbeaux choucas tués dans les cantons attaqués par la Nonne. La nourriture de 2 Corbeaux abattus dans les cantons attaqués par la Noctuelle piniperde (*Panolis piniperda*, Panz.) et par les chenilles d'Hyménoptères sessiliventres (*Cimbex, Tenthredo*) était constituée par des chenilles et larves de ces deux espèces. A côté de ces Insectes nous avons trouvé, dans 6 appareils, des fragments d'autres Insectes, surtout des débris d'imagos de Coléoptères et de Lépidoptères; par exemple, dans un estomac, nous avons constaté 3 papillons du Sphynx du Pin (*Sphinx pinastri*, L.) qui étaient encore presque intacts; parmi les Coléoptères, différentes espèces de *Curculionidæ*, de *Chrysomelidæ*, de *Carabidæ* et de *Geotrupidæ* étaient les plus nombreuses. L'appareil digestif des 3 autres Corbeaux choucas contenait toujours quelques grains de Céréales (3 de Blé et 5 d'Orge; 15 de Millet; 7 de Seigle) et des graines de plantes non cultivées, à côté de fragments de différents Insectes et de débris de coquilles de plusieurs espèces de Mollusques: Insectes et Mollusques représentent ici la plus grande partie de la nourriture. Dans ces 9 appareils digestifs, nous avons toujours rencontré des fragments d'aiguilles et de feuilles de plantes.

Parmi les 9 Corbeaux choucas tués pendant le mois d'*août*, 2 avaient mangé des Nonnes moines (*Liparis monacha*, L.). Nous avons observé dans leur appareil digestif des débris de nombreuses chenilles, de chrysalides et d'imagos de Nonne moine et même aussi, des débris d'œufs de cette dernière, provenant de femelles avalées; 2 Corbeaux choucas, tués dans une forêt inondée pendant le mois de juin, n'avaient mangé que différents Insectes et Arthropodes aquatiques, de nombreux Ologichètes et divers Mollusques. Parmi les 5 autres Corbeaux, 3 avaient avalé quelques grains de Blé, les 2 autres avaient mangé des petites graines de plantes non cultivées. Ces 5 Corbeaux choucas renfermaient, dans leur appareil digestif, des débris fortement macérés de nombreux Insectes. Dans le tube digestif de ces 9 individus abattus en août, nous avons reconnu différents petits et grands Charançons (*Curculionidæ*), des petits *Carabidæ* assez nombreux, des débris de larves d'*Elateridæ*, des peaux de chenilles de Noctuelles, des débris de Grillons (*Acheta* [*Gryllus*] spec?), des Taupes-Grillons (*Gryl-*

lotalpa gryllotalpa [L.]) et des Sauterelles (*Locustidæ*). Tous ces appareils renfermaient aussi quelques fragments de feuilles vertes ramassés peut-être en même temps que les Insectes.

Onze Choucas, tués en *septembre*, avaient cherché leur nourriture dans les champs, dans les pâturages et les prairies. Leur appareil digestif renfermait des grains de Blé, de Seigle, d'Orge et d'Avoine ; des graines de plantes non cultivées et des fragments de feuilles de végétaux herbacés. Dans 4 appareils, nous avons trouvé des restes de Prunes (*Prunus domestica,* L.), dans 2 autres, des débris de Pommes de terre. Dans les 11 estomacs, nous avons rencontré aussi des débris d'Insectes plus ou moins nombreux, quelques débris de Limaces et des fragments de coquilles de tous petits Hélicidés. Les différentes larves vivant dans la terre des champs représentent la majorité des Insectes avalés. (*Zabrus gibbus*, F., *Melolontha* spec?, *Lamellicornia, Curculionidæ, Bibionidæ, Tipulidæ, Agrotis, Mamestra,* etc...)

L'estomac d'un Choucas, tué au mois d'*octobre*, ne renfermait que des fragments de glands de Chêne (*Quercus* spec?).

L'appareil digestif de 4 Corbeaux choucas, tués en *novembre*, contenait de nombreux grains de Céréales et quelques restes de larves de Zabres bossus (*Zabrus gibbus*, F.) et d'Elatérides (*Elateridæ*). Dans un estomac , nous avons observé aussi des débris macérés de 21 Limaces ou Arions et d'un Lumbricide, à côté de 13 grains de Blé et d'un gland de Chêne (*Quercus* spec?).

Au mois de *décembre,* nous avons analysé le contenu de l'appareil digestif de 7 Corbeaux choucas ; 2 appareils renfermaient des grains de Céréales fortement macérés et quelques débris chitineux. Dans les 5 autres appareils, nous avons rencontré des débris nombreux de Limaces et Arions plus ou moins macérés et des débris de larves de Zabres bossus, le tout mélangé avec quelques fragments de grains de Blé et de Seigle.

Nous avons disséqué en tout, 139 Corbeaux choucas : 136 avaient cherché leur nourriture dans la campagne et 3, tués pendant les époques de grands froids, avaient cherché leur nourriture aux environs des villages, des villes et sur les routes. Parmi ces 139 Corbeaux choucas, 134 étaient adultes, les 5 autres, des jeunes tués au nid ; 130 adultes avaient absorbé de la nourriture animale et 98 de la nourriture végétale ; ces deux sortes de nourriture sont mangées à toutes les époques de l'année. On peut donc conclure que les Corbeaux choucas sont plus zoophages (insectivores) que phytophages, et ils sont plus insectivores que les autres Corbeaux étudiés. L'appareil digestif de tous les Corbeaux choucas adultes renfermait aussi du sable et des cailloux ou autres matières anorganiques ; nous n'avons jamais fait semblable constatation en examinant l'appareil digestif des 5 jeunes Corbeaux tués au nid.

La nourriture végétale qui est mangée pendant toute l'année est représentée, en général, par des fragments de feuilles, des brins d'herbe et autres fragments de végétaux. Cette nourriture fut rencontrée dans 73 appareils digestifs. Des graines de plantes sauvages ont été trouvées dans 49 appareils digestifs, surtout pendant les mois de janvier, février et mars. Quarante-trois Corbeaux choucas avaient mangé aussi des grains de Céréales et d'autres plantes cultivées; ces grains étaient surtout abondants au printemps et après la moisson. Les 8 Choucas tués au mois de janvier et les 2 exemplaires abattus en septembre avaient mangé aussi des Pommes de terre abandonnées dans les champs. Les 5 Corbeaux pris au nid, en juin, et 4 adultes tués au mois de septembre, renfermaient dans leur appareil digestif, des fruits (Cerises et Prunes). Deux adultes abattus en octobre et novembre avaient mangé des grains d'arbres forestiers. Dans l'appareil digestif des adultes tués au moment des grands froids se trouvaient des déchets de différents végétaux trouvés autour des villages.

La nourriture animale, constatée dans 130 appareils digestifs, était représentée surtout par des Insectes.

Nous avons trouvé ceux-ci dans 123 tubes digestifs d'individus tués à toutes les époques de l'année. Parmi ces Insectes se trouvaient des espèces habitant dans la terre ou habitant à la surface du sol ou encore sur les végétaux. Ces derniers sont capturés surtout au printemps et à l'époque de la nidification; ces Insectes représentent aussi la presque totalité de la nourriture des jeunes Corbeaux. Nous avons rencontré assez souvent des Insectes utiles, comme les Carabides, mais la très grande majorité des formes observées étaient nuisibles aux champs et aux forêts. Certains

Insectes avalés par les Choucas possédaient des moyens de défense, par exemple : des Chrysomèles variées, des *Meloë proscarabeus*, L. et 2 Cantharides du Frêne (*Lytta vesicatoria*, L.) trouvées encore presque intactes ainsi que des chenilles de la Bombyce chrysorrhée (*Porthesia chrysorrhœa*, Fuessl.) [voir CUÉNOT 1896].

De différents Mollusques sont capturés toute l'année par les Choucas; nous les avons trouvés dans 59 appareils digestifs. Deux fois, nous avons rencontré aussi des petits Rongeurs, 1 fois, des Lézards et, 7 fois, de jeunes Oiseaux encore dépourvus de plumes et des fragments d'œufs d'Oiseaux.

Nous trouvons que le pillage des nids d'Oiseaux est le plus grand « crime » des Corbeaux choucas, que nous classons parmi les Oiseaux très utiles à l'agriculture et à la sylviculture; nous devons avouer cependant que, lorsque ces Animaux sont réunis en grandes colonies, ils sont non seulement incommodants mais même nuisibles.

CONCLUSION

Les résultats des analyses qui ont été effectuées prouvent que, parmi tous les Oiseaux disséqués, les uns sont considérés, avec raison, comme utiles à l'agriculture et à la sylviculture, parce qu'ils détruisent de nombreux Ravageurs, comme les Rongeurs et les Insectes nuisibles; les autres sont considérés comme nuisibles, parce qu'ils détruisent des Animaux reconnus utiles (les Passereaux, le gibier, les Insectivores, les Insectes utiles), et aussi parce qu'ils causent des dégâts directs dans les cultures agricoles et forestières. Mais est-il légitime de ranger les Oiseaux (et les Animaux en général) en deux classes bien tranchées, ceux qui sont utiles et ceux qui sont nuisibles? Nous ne le pensons pas, car dans la Nature il n'*existe* pas d'Oiseaux utiles ou nuisibles, comme il n'existe pas non plus d'êtres utiles ou nuisibles absolument. Même des Oiseaux de proie considérés comme utiles, par exemple, le Faucon crésserelle, la Buse, les Strigidés et autres, sont, de temps en temps, plus ou moins nuisibles. Ils détruisent des Oiseaux, du gibier, des Insectivores, etc...., que nous voulons toujours considérer comme utiles, mais ils capturent aussi des Animaux considérés avec raison comme nuisibles, par exemple les Campagnols, les larves nuisibles vivant dans la terre (Zabres bossus, Hannetons, etc...) ; et encore on pourrait dire que les Campagnols ne sont pas *absolument* nuisibles, mais rendent quelquefois des services, en détruisant d'autres Ravageurs (Insectes nuisibles, etc...).

Il en est ainsi avec tous les Oiseaux ; il n'y a pas, comme nous l'avons déjà dit, des Oiseaux absolument utiles ou absolument nuisibles et, en général, il n'existe pas d'Oiseaux ni utiles ni nuisibles. Les questions de l'utilité ou des dégâts ne sont pas des propriétés ni le but de la Nature, elles sont les résultats de la conception humaine. Mais au point de vue humain, l'idée de l'utilité ou des dégâts rencontre tout de suite des difficultés : un Animal considéré comme étant utile à l'agriculture, n'est pas forcément utile à la sylviculture ou pour la chasse, la pêche, etc..., etc...., à cause des différents intérêts.

Le but de l'existence de l'Oiseau n'est pas de servir à l'Homme ni à ses intérêts. Il n'est qu'un membre de l'association naturelle, où par sa présence il *influence* plus ou moins, directement ou indirectement, les autres membres (animaux ou végétaux) de la même association, en limitant ou favorisant plus ou moins leur développement. Mais cette influence ne s'exerce pas de la même façon sur tous les membres. L'influence sur certains membres est beaucoup plus grande que sur d'autres et n'existe quelquefois pas du tout. Par exemple. l'influence de la Buse vulgaire et du

Faucon pèlerin sur les Campagnols, sur les Oiseaux, sur les Insectes et sur les plantes est très variable. Mais cette influence d'un membre sur l'autre est réciproque. Bref, la présence et le nombre d'un membre limite la présence et le développement d'un second, favorise le troisième ou le quatrième. Cette influence est exercée, soit directement, soit indirectement. Comme influence directe, on peut citer le vieil exemple des Oiseaux de proie et des Rapaces en général, qui influencent un certain nombre de Rongeurs. On peut également citer l'exemple de LIEBE (l. c.) au sujet des Eperviers ordinaires, des Geais, des Pies et des Passereaux. Comme exemple d'influence indirecte on peut indiquer le fait suivant, très intéressant : les Oiseaux de proie comme les autres Rapaces s'attaquent surtout aux individus malades, affaiblis et en mangeant même leurs cadavres, restreignent les épizooties qui causent la diminution du gibier et autres animaux (voir FEUILLÉe-BILLOT, 1925; RICHARD, GALLI-VALERIO, *in* MORBACH, 1928) [1].

De toutes ces relations compliquées il résulte un *équilibre biologique* dans la Nature. Cet équilibre n'est ni fixe ni invariable. Il varie, soit lentement, soit

---

(1) Je citerai un exemple frappant : il y a quelque temps, on a fait une chasse intensive aux Carnassiers sauvages (Renards, Fouines, etc...), en Tchécoslovaquie; immédiatement la coccidiose s'est propagée rapidement et a fait un nombre considérable de victimes parmi les Lièvres, parce que les Rongeurs parasités, n'étant plus mangés par les Carnassiers, transmettaient la Coccidie à leurs congénères. Aussi, devant cette hécatombe de gibier, a-t-on pris des mesures pour protéger les Carnassiers.

brusquement, à cause des chocs qui le renverse totalement. L'équilibre d'une association naturelle dans une certaine station dépend des réactions réciproques de tous les membres de cette association, influencées par les circonstances météorologiques. Quand un animal ou une plante, un ravageur ou un être utile est favorisé, tout de suite l'équilibre naturel est altéré.

Il est altéré dans un sens que l'Homme est incapable de prévoir, parfois tout à fait contraire à ce qui lui semble le plus logique. Aussi l'Homme doit-il apporter mille précautions dans son intervention; les exemples classiques du Lapin en Australie, de la Mangouste à la Jamaïque, de l'Ondatra en Bohême (Tchécoslovaquie), peuvent l'inciter à la plus extrême prudence.

Pour nous placer exclusivement à un point de vue pratique, nous estimons que tous les Oiseaux, y compris certaines espèces réputées nuisibles, comme les Autours et les Grands-ducs, sont des êtres nécessaires à l'équilibre biologique de la Nature en Europe.

NANCY, juin 1928.

INDEX BIBLIOGRAPHIQUE[1]

* Altum. — Die Nahrung unserer Eulen. *Journ. für Ornithologie,* 1863; Die Nahrung unserer Waldohreule. *Journ. f. Ornith.,* 1864; Nahrung und œkonomischer Werth der Schleiereule. *Zool. Garten,* 1866; Der Vogel und sein Leben. *Münster,* 1868; Forstzoologie. *Berlin* 1873, 1885; Waldbeschædigungen durch Tiere und Gegenmittel. *Berlin,* 1889; Zum Vogelschutz. *Schwalbe,* 1890; Bekæmpfung einer ausgedehnten Blattwespenkalamitæt durch Vœgel. *O. M.,* 1898 (2).

* Appel. — Bedeutung des Vogelschutzes. *Mitt. d. Deutsch. dendrol. Gesellschaft,* 1922.

* Appel-Schwarz. — Bedeutung des Vogelschutzes für den Pflanzenschutz. *Nachrichtsblatt f. d. Deutsch. Pflanzenschutzdienst,* 1921.

* Bær. — Zur Ernæhrung einheimischer Vogelarten. *O. M.,* 1897; Untersuchungen von Mageninhalten... *O. M.,* 1903, 1908, 1909, 1910; Ornithologische Miszellen. *O. M.,* 1910; Bedeutung der insektenfressenden Vœgel für die Fortzstwirtschaft. *Aus der Natur,* 1913.

* Bær-Uttendœrfer. — Auf den Spuren gefiederter Ræuber. *O. M.,* 1897, 1908.

* Barbey. — Traité d'Entomologie forestière. *Paris-Nancy,* 1913; 2ᵉ édition, 1925; La Forêt européenne et sa résistance aux attaques des Insectes ravageurs, *Rev. de Botanique appliquée,* 1923; Comment préserver la Forêt moderne des attaques des Insectes? *Bull. de la Soc. centrale forestière de Belgique,* 1927.

---

(1) Le signe (*) marque les travaux (auteurs) cités dans cette étude. Le signe (+) marque les travaux dont nous n'avons eu connaissance que par des analyses, et dont il nous a été impossible de lire l'original. Les travaux sans aucun signe sont ceux que nous avons lu mais que nous ne citons pas.

(2) Est désignée par les initiales *O. M., l'Ornithologische Monatschrift.*

+ BARBIÉR. — Notice sur le Busard. *Revue Zoologique*, 1838.

+ BAREOWS-SCHWARZ. — The common crow of the United States. *Bull. Dep. of. Agric.*, 1895.

* BARTHOS. — Einige Daten zur Ernæhrung des Mæusenbussards. *Aquila*, 1908.

* BARTUSKA. — Ptaci ve sluzbe rolnikove. *Ces. Budejovice*, 1891; Sovy ve sluzbe rolnikove. *Hospodar. ceskoslovansky*, xx, 1890.

* BAU. — Einleitung zur 5. Auflage von FREIDRICHS Naturgeschichte der Deutschen Vœgel. *Stuttgard*, 1905.

* BAYER E. — Hospodarsky vyznam ptactva. *Ceska rocenka*, 1925.

* BAYER F. — Nasi ptaci. *Praha*, 1888; Prodromus ceskych obratloveu. *Praha*, 1894.

BEAL. — Some common Birds useful to the Farmer. *Farmers Bull.* (1915) 1923.

BECKMANN. — Schædlichkeit der Kræhen. *Zool. Garten*, 1864.

+ BEHRENS. — Beobachtungen über den Wespenfalken (*Pernis apivorus*). *Naumania*, 1854.

* BERGER. — Die Verbreitung des Utilitaritætsprinzips im Vogelschutz. *O. M.*, 1904; Naturreligion und Aberglaube als Ursache des Vogelschutzes. *O. M.*, 1905.

* BERLEPSCH. — Die Vogelschutzfrage... *O. M.*, 1896; Meine Nistkasten. *O. M.*, 1897; Der gesamte Vogelschutz. I. Ed. *Gera*, 1899; x Ed. *Neudmamm*, 1923; Jahresberichte (1-xvi.) der Staat. a. Versuchs-u. Musterstation für Vogelschutz in Seebach bei Gotha. *Seebach*, 1909-1926.

* BITTERA. — Ueber die Nahrung des Habichts und Sperbers. *Aquila*, 1915.

+ BISCHOFF. — Nutzen and Schaden der in der Natur vorkommenden Vœgel. *München*, 1868.

BOAS. — Dansk Forstzoologie. *Kopenhagen*, 1896.

* BODEN. — Der Maikæferflung des Jahres 1895, und die gemachten Beobachtungen. *Zeitschr. für Forstw. u. Jagdw.*, 1896.

BONNET. — Quelques modes de Chasses de certains Rapaces. *Revue Française Ornith.*, 1918.

* BOTTAY. — Schædlichkeit der Nebelkrœhe. *Aquila*, 1900.

* BORGGREWE. — Die Vogelschutzfrage, nach ihrer bisherigen Entwickelung. *Leipzig*, 1878 (1888).

BOUCHÉ. — Naturgeschichte der schædlichen und nützlichen Garteninseckten. *Berlin*, 1833.

BRÆES. — Einiges über die Nahrung der Vœgel. *O. M.*, 1887.

* BREDEMANN. — Die Heuschreckenplage in Anatolien und Nordsyrien. *Zeitschr. für angew. Entomologie*, 1916.

* BREHM. — Das Leben der Vœgel. *Glogau*, 1861; (JANDA, VAVRA) : Zivot zvirat., *Praha, Topic, Sfinx*, 1925-1927.

BRUHIN. — Zur Naturgeschichte des Uhus. *Zool. Garten*, 1868.

* BROCCHI. — Traité de Zoologie agricole. *Paris*, 1886.

* Bubak. — Die Feldmaus als Schædling des Getreides und der Zuckerrübe. *Zeitschrift f. Zuckerindustrie in Bæhmen,* 1902-3.

Burbach. — Der einheimischen Vœgel Nutzen und Schaden. *Gotha,* 1880.

Bureau. — Catalogue de Rapaces et de Grimpeurs. *Rev. Franç. Ornith.,* 1913.

* Burket. — Nanka o ochrané lesu. *Pisek,* 1905.

* Buxbaum. — Kræhen als Nestræuber. *O. M.,* 1901.

* Buecher. — Die Heuschreckenplage und ihre Bekæmpfung. *Zeitschr. f. angew. Entomologie,* 1918.

* Carabus. — Les Animaux des Forêts. *Paris,* 1868.

Carduer. — The Relation of Birds to an Outbreack of Locust. *Bird-Lore,* 1927.

* Chabot. — Les Faucons pèlerins. *Rev. Franc. Ornith.,* 1927.

* Chappellier. — Enquête sur les Corbeaux de France. *Inst. des Recherches agronomiques.* Paris, 1923; Enquête sur les Corbeaux de France, leur réparation, leurs mœurs, leur nourriture. *Annales de la Sc. agr. franç. et étrang.,* 1925-26; Les Corvidés français, envisagés dans leur signification agricole. *Compte-Rendu du Congrès Int. p. l'Etude et la Protection des Oiseaux,* Luxembourg, 1925; La Capture des Corbeaux au filet... *Rev. d'Histoire naturelle appliquée,* 1926; L'Enquête Internationale sur le Freux. *Bull. de la Ligue p. la Protect. des Oiseaux,* 1927.

Charière. — Observations ornithologiques dans l'arrondissement de Sétif., 1895-1900. *Rev. Franç. Ornith.,* 1923.

Charoñer. — Les Rapaces nocturnes. *Rev. d'Histoire naturelle appliquée,* 1927.

* Chernel. — Ueber Nützlichkeit und Schædlichkeit der Vœgel auf positiven Grundlagen. *Aquila,* 1901; Beitræge zur Nahrungsfrage unserer Karnivorer Vogelwelt. *Aquila,* 1909; Internationaler Vogelschutz. *Aquila,* 1919.

* Chopard. — Orthoptères et Dermaptères. *Faune de France,* 3, 1922.

Chlebowsky. — O skode a uzitka ptactva. *Háj.,* xxxiv-1905.

* Coste. — Flore descriptive et illustrée de la France. T. i-iii. *Paris,* 1901-1906.

* Csiki. — Positive Daten über die Nahrung unserer Vœgel. *Aquila,* 1904-15.

Csorgey. — Der praktische Vogelschutz in Ungarn... *Aquila,* 1909.

* Cuénot. — Sur la saignée réflexe et les moyens de défense de quelques insectes. *Arch. zool. expér.* (3), iv, 1896 (*Bibliographie.*)

* Capek. — Einige Notizen aus Mæhren. *Mitt. des Ornith. Vereins in Wien,* 1885; Beitræge zur Ornithologie Mæhrens. *Ornith. Jahrh.,* 1894; Koroptvi v. uplynulle zimé. *Z lesu*

a luhu, 1895; Daten über den Zug der Vœgel vom Frühjahr, 1897; nebst anderen Notizen über deren Lebensweise. *Comité f. Ornith. Beobachst. in Oesterreich,* 1897; Prispevky k. poznani ptactva moravského. *Vestnik klubu - prirodon v. Prootejove,* 1904; *O sokolech na Morave.* Straz *myslivosti,* 1910; Sovy v. evropském. diluviu. *Veda prirodni* R. V., 1925.

* CERNY. — Myslivost. *Praha,* 1884.

DAGUIN. — La vérité sur les Oiseaux de proie. *Rev. Franc. Ornith.,* 1908, 1913.

DANGLER. — Vogel- oder Insektenschmerz. *O. M.,* 1902.

* DECOPPET. — Le Hanneton. *Lausanne-Genève,* 1920.

* DEGLAND-GERBE. — Ornithologie Européenne. F. I-II°. *Paris,* 1867 *(Bibliographie).*

DORRER. — Die Nonne im oberschwabischen Fichtengebiet. *Stuttgart,* 1891.

* DUMAST (DE) et FURGE (DE LA). — La Chasse au Grand-duc en France. *Rev. Franc. Ornith.,* 1911; Quarante-huit autopsies intestinales de Buses vulgaires. *Ibid,* 1911; Le régime alimentaire de la Bondrée apivore. *Ibid.,* 1912.

* DYK. — Poznamky z prednasek o ochrane lesu. *Brno,* 1922.

* ECKSTEIN. — Beitræge zur Nahrungsmittelehre der Vœgel. *Journ. f. Ornoth.,* 1887; Forstliche Zoologie. *Berlin,* 1897; Beitræge zur Nahrungsmittelehre der Vœgel. *Ausdem Walde,* 1901; Das Auftreten forstlich schædlicher Tiere. *Zeitschr f. Forstw. u. Landw,* 1901; Ueber die Beurteilung von Nutzen und Schaden der Vœgel. *Verhandlungen des V. Int. Zool. Congr. Berlin,* 1901:

* ESCHERICH. — Die angewandte Entomologie in den Vereinigten Staaten. *Berlin,* 1913; Die Maikæferbekæmpfung in Bienenwald. *Zeitschr. f. ung. Entomologie,* 1916; Forstentomologische Streifzüge im Urwald von Bialowies. *Bialowies in deutscher Verwaltung. Berlin,* 1917; Forstinsekten Mitteleuropas. 2 vol. *Berlin,* 1917, 1923 *(Bibliographie);* Neuzeitliche Bekæmpfung tierischer Schædlinge. *Berlin,* 1927.

* ESORGEY. — Vorlaufiger Bericht über die Landesuntersuchung der Saatkræhe. *Aquila,* 1904.

FATIO. — Histoire naturelle des Oiseaux. Faune Vertébrée de la Suisse. *Genève et Bâle,* 1899-1904.

* FEUILLÉE-BILLOT. — La protection des espèces animales, même localement, temporairement ou partiellement nuisibles. *Compte-Rendu du Congrès International pour la Protection des Oiseaux, à Luxembourg,* 1925.

* FRITSCH. — Naturgeschichte der Vœgel Europas. *Prag,* 1898.

FRIEDRICHS. — Naturgeschichte der Deutschen Vœgel. *Stuttgart,* 1905.

* Fuchs. — Ueber die Katzenfrage im Vogelschutz. *Darmstadt*, 1909.

* Fuye (de la). — Note sur la Chasse au Grand-duc. *Rev. Franc. Ornith.*, 1915; Des causes de la disparition de la Perdrix. *Ibid.*, 1927.

Geitel. — Schædlichkeit der Rabenkræhe (*Corvus corone*, L.). *Zool. Garten*, 1863.

* Gerhardt. — Handbuch des Dunenbaues. *Berlin*, 1900.

* Gerstæcher. — Die gefiederten Feinde der Wanderheuschrecke. *O. M.*, 1876.

* Geyer von Schweppenburg. — Gewœhluntersuchungen. *O. M.*, 1904; Untersuchungen über die Nahrung einiger Eulen. *Journ. f. Ornith.*, 1906; Die Nahrung der Waldohreule. *Wild und Hund*, 1907; Gewœhluntersuchungen aus d. Vers. u. Musterstation f. Vogelschutz... *O. M.*, 1911.

Giebel. — Thesaurus Ornithologie. Band I-III. *Leipzig*, 1872-77. (*Bibliographie*).

Gillanders. — Forest Entomology. *London-Edinburgh*, 1908.

* Girard. — Catalogue raisonné des Animaux utiles et nuisibles de la France. *Paris*, 1878.

* Glaser. — Aus dem Leben der Kræhen. *Zool. Garten*, 1870.

* Gloger. — Die Raubsucht des Huchnerhabichts (*Falco palumbarius*). *Journ. Ornith.*, 1855; Vogelschutzschriften. *Berlin*, 1858; Verwegenheit des Hühnerhabichts beim Horste. *Ibid.*, 1860; Die Verbreitung mancher Gewæchse durch Vœgel. *Ibid.*, 1860; Steinchen, Sand und Getreide im Magen eines der edelsten Raubvœgel. Hünerhabicht als Verfolger der Wiesel, etc. *Ibid.*, 1860; Die nützlichen Freunde der Land-u. Forstwirtschaft. *Berlin* (1858) 1877; Vogelschutzbuch. *Leipzig*, 1881.

* Grasner. — Sperber und Hermelin. *O. M.*, 1886.

* Greschick. — Magen-u. Gewœhluntersuchungen unserer einheimischen Raubvœgel. *Aquila*, 1910, 1911, 1923, 1924.

+ Gubernatis. — Die Thiere in der indogermanischen Mythologie. *Leipzing*, 1874.

* Hænel. — Unsere heimischen Vœgel und ihr Schutz. *Wuerzburg*, 1913; Angewandte Entomologie und Vogelschutz. *Zeitschr. f. angew. Entomologie*, 1914; Vogelschutz in grossen Waldkomplexen. *Amtsbl. d. Landw. Kammer f. d. Reg. Bez., Wiesbaden*, 1915; Maikæferplage und Vogelschutz. *Zeitschr. f. angew. Entomologie*, 1918.

* Hantzsch. — Kræhen als Eierræuber, *O. M.*, 1901.

Hartet. — Einige Worte der Wahrheit über den Vogelschutz. *Neudamm*, 1900.

* HAUER. — Lebensweise u. landwirtschaftliche Bedeutung der Saatkræhe auf meimen Landgute bei Kisharta. *Aquila,* 1904.

* HEIKERTINGER. — Sind die Wanzen durch Ekelgeruch geschützt? *Biol. Zentrbl.,* 1922 ; Mimikri, Schutzfarbung. *Zeitschr. f. wiss. Insektenbiol.,* 1924. (*Bibliographie*).

HEJDA z LOVCIC. — Bez cerny a ptactvo. *Lovena,* VIII-1903.

* + HENDERSON. — The practical Value of Birds. *New-York,* 1927. *Compte rendu au Bull. de la Fédération des Groupements Fr. pour la Protection des Oiseaux,* 1927.

* HENNICKE. — Bekæmpfung einer Eichenwicklerepidemie durch Staare. *O. M.,* 1905; Vogelschutzbuch. *Stuttgart,* 1911; Handbuch des Vogelschutzes. *Magdeburg,* 1912. (*Bibliographie*).

HENTGEN. — Der praktische Vogelschutz. *Ettelbrück.*

HENTSCHEL. — Die schædlichen Forst-u. Obstbauminsekten. *Berlin,* 1895.

* HERMANN. — Der Vogel in der Saage u. Geschichte. *Gef. Weit.,* 1899.

* HERMANN O. — Nachtrag zur Kræhenfrage. *Aquila,* 1901; Ernæhrung der Vœgel mit Rueksicht auf Nutzen u. Schaden. *Ibid.,* 1903; Nutzen u. Schaden der Vœgel. *Gera Unterhaus,* 1903; Nahrung der Vœgel. *Aquila,* 1904.

HERMITTE. — Diminution et Utilité des Oiséaux. *Rev. Franc. Ornith.,* 1918.

HESS. — Forstschutz. *Leipzig,* 1898.

* HESS-BECK. — Forstschutz. *Leipzig,* 1916-21. (*Bibliographie.*)

HESS A. — Vœgel und Forstschutz. *Schweitz. Zeitschr. f. Forstw.,* 1924.

* HEYDEN-REITTER-WEISE. — Catalogus Coleopteorum Europæ. *Berlin-Mœdling-Caen,* 1891.

* HILTNER. — Pflanzenschutz nach Monaten geordnet. *Stuttgart* (1909) 1926.

HIESEMANN. — Lœsung der Vogelschutzfrage nach. F. von BERLEPSCH. *Leipzig,* 1912.

HODOVAL. — Okridieni lupici. *Lovecky Obzor,* 1901.

* HOFMANN. — Die Gross-Schmettenlinge Europas. *Stuttgart,* 1893; Die Raupen der Gross-Schmetterlinge Europas. *Stuttgart,* 1894.

* HOLRUNG. — Siebenter Jahresbericht über die Thætigkeit der Versuchstation für Nematoden-Vertilgung und Planzenschutz zu *Halle and. d. Saale,* 1896.

* HOMEYER. — Der Waldkauz (*Syrnium aluco*) als Bœsewicht. *O. M.,* 1885; Deutschlands Sæugetiere und Vœgel. ihr Nutzen und Schaden. *Stolp,* 1897.

HORAK. — Ochrana ptactva. *Praha,* 1878.

* HORSTMANN. — Es gibt keinen nütztichen Raubvogel. *Deutsche Jægerzeitung,* 1900.

* Hrivna. — Je kane rousna uzitecna? *Strax Myslivosti*, 1928.

Israel. — Zur Mitteilung : Bekæmpfung einer Eichenwicklerepidemie durch Staare. *O. M.*, 1906; Ueber den Frass von *Tortrix viridana*... *O. M.*, 1908.

*. Jablonowski. — Die Landwirtschæftliche Bedentung des Kræhen. *Aquila*, 1901; Nochmals zur Kræhenfrage. *O. M.*, 1902.

Jacobi. — Aufnahme von Steinen durch Vœgel. *Arbeitun aus d. Biol. Reichsanstalt für Land-u. Forstw. in Berlin-Dahlem*, 1900.

* Jæckel. — Die Nahrung der Schleiereule. *Zool. Garten*, 1856; Systematische Uebersicht der Vœgel Bayerns. *München-Leipzig*, 1891.

* Janda. — Uziticne ptactvo naseho domova. *Praha*, 1898; Der Rotfalke in Südmæhren. *Ornith. Jahrb.*, 1900; Weitere Berichte über den Rotfalken in Südmæhren. *Ibid.*, 1902; Atlas ptactva stredœvropikeo *Praha*, 1902; Prehled remedelsky druulezitého ptactva... *Praha*, 1906; Nasc zpevné ptactvo. *Praha*, 1923.

* Jarkovsky. — Der grosse Waldkauz (*Strix aco*) und dessen Schædlichkeit. *Jægerzeitung f. Bœhmen u. Mœhren*, 1889.

* Jex. — Die Dohle als Staarkastenplünderer. *Ornith. Zentrbl.*, 1877.

* John. — Vyziva bazantu. *Praha*, 1900.

* Jolyet. — Traité pratique de Sylviculture. *Paris*, 1916.

* Judeich. — Die Vogelchutzfrage in Deutschland. *Tharander Forstl. Jahrbuch*, 1881.

Judeich-Nitsche. — Fortinsektenkunde. *Berlin*, 1895.

* Kafka. — Nepratele ryb. *Vesmir*, xiii-1884.

* Kalmbach. — The Crow in this Relation to Agriculture. *Farmers Bull. Waschington*, 1920; The Crow Birds Citizen of Every Land. *The Nat. Geographie Magazin-Waschington*, 1920.

Kaltenbach. — Die Pflazenfeinde aus der Klasse der Inseckten. *Stuttgart*, 1864.

* Karasek. — Dravci stredni Evropy. *Lesni Straz*, vii; Zajimavé zjevy ptaci z okoli Kromerizskéo. *Rozmaruv les. tyd.*, 1906.

* Knézourek. — Vselicos a koroptvich. *Lovecky Obzor*, 1902; Vrana popelava a cerna. *Ibid.*, 1903; O nepratelich koroptvi. *Ibid.*, 1903; Vrany jako skudci a plenitelky hnizd. *Ibid.*, 1904; Postolka rudonoha. *Ibid.*, 1907; O hospodarskem uzitku koroptvi, *Haj.* xxxxvii-1908; O vyznamm ptactva. *Ibid.*, 1908; Dravci v boji o zivot. *Ibid.*, 1918; Velky prirodopis ptaku. 2 vol., *Praha*, 1910-1912. (*Bibliographie*).

* Kollibay. — Der Rauchfussbussard als Jagdschædling. *O. M.*,
 1897.
Kœnig. — Die Waldpflege. *Gotha*, 1849, 1859, 1875.
* Kruger. — Turmfalk als Fischer. *O. M.*, 1890.
* Kunowský. — Kalous hubi datly? *Ceskoslovensky Les*, 1928.

Lambrecht. — Beitræge zur Nahrung des Sperbers und Wal-
 dohreule. *Aquila*, 1914.
-|- Lenz. — Zoologie der alten Griechen und Rœmer, 1856.
* Leisewitz. — Untersuchungen über die Nahrung einiger
 land-u. forstw. wichtiger Vogelarten. *Verhandl. d. Ornith.
 Gess. in Bayern.*, 1905; Untersuchungen des Inhaltes von
 Raubvœgelmagen. *Ibid.*, 1909.
* Liebe. — Zur Nahrung des Mæusenbussardes. *O. M.*, 1899.
Linde. — Fischeræuber. *O. M.*, 1891.
* Lommont. — Enquête sur les Corbeaux. *Rev. Franç. Ornith.*,
 1924; A propos du Faucon pèlerin. *Ibid.*, 1927.
* Loos. — Winterbeobachtungen betreffend den Nutzen einiger
 befiederten Waldbewohner. *O. M.*, 1893; Weitere Beobæh-
 tungen... *O. M.*, 1895; Kropf-und Magenuntersuchungen...
 ı et ıı; *O. M.*, 1896; Zur Ernæhrung unserer Vœgel. *Ve-
 reinschr. f. Forst. Jagd-u. Naturkunde*, 1896-97; Nützlichkeit
 unserer rabenartigen Vœgel. *Ornith. Jahrb.*, 1896; Magenuntersuchungen von rabenartigen Vœgeln. *O. M.*, 1898; Vertilgung forstchædlicher Inseckten durch Vœgel. *Ornith. Jahrb.*,
 1898; Etwas über Auswurf der Nebelkræhe. *O. M.*, 1901;
 Einige Magenuntersuchungen bei rabenartigen Vœgeln. *Ornith. Jahrb.*, 1901; Etwas über Vertilgung von Engerlinge
 durch Kræhen. *O. M.*, 1903; Etwas über die Nahrung des
 Waldkauzes. *O. M.*, 1905; Der Uhu in Bœhmen. *Liboch*, 1906;
 Unsere rabenartigen Vœgel in forstl. u. jagdlichen Bezie-
 hung. *Forst-u. Jagdzeitschrift*, ıv; Ein Beitrag zur Frage
 über die Nahrung des Waldkauzes. *Ibid.*, 1906; Beobachtungen über den Waldkauz im « Teufelsgrunde ». *O. M.*, 1907;
 Der Kampf gegen Maikæfer und Engerlinge mit besonderer
 Beruecksichtigung der Vogelwelt. *Zeitschr. f. angew. Entomologie*, 1916.
Losy. — Positive Daten zur Lebensweise des Rebbuhnes. *Aquila*,
 1903; Prinzipielle Standpunkte zur Beurteilung des Vogelschutzes und Insecktenvertilgung. *Aquila*, 1911.
* Lœwis. — Diebe und Ræuber in der baltischen Vogelwelt. *Riga*,
 1898.

* Mathieux. — Cours de Zoologie forestière. 2 vol. *Nancy*,
 1847-48; 1859; Notice sur les Animauv nuisibles. *Nancy*,
 1872. (Voir Puton);
Marès. — Ze zivota sojky a vrany. *Vesmir* vı-1877.

* MARTIN. — Die Rücksichtslosigkeit des Uhus als Raubvogel. *Journ. Ornith.*, 1856; Illustrierte Naturgeschischte der Tiere. 1ᵉʳ vol. *Leipzig, 1884.*

MC. ATTEE. — Woodspeckers in relation to three and wood products. *Washingthon*, 1911; The Relation of Birds to Woodlots in New-York. *Roosevelt Wild Life Bull.*, 1926.

* MELICHAR. — Cicadiden (*Hemiptera-Homoptera*) von Mittel-Europa. *Berlin*, 1896.

MESTSKY. — Utilitarsky princip v ochrame ptactva... *Haj.*, 1907

MESTSKY-KÉZOUREK. — O vranach. *Haj.*, 1913.

MEYER. — Beobachtungen am Wanderfalken in der Gefangenschaft. *O. M.*, 1902.

* M. H. Dʳ. — Nourriture des Crésserelles. *Rev. Franç., Ornith.*, 1914.

* MICHEL. — Nebelkræhe und Muscheln. *Ornith. Jahrb*, 1891; Der Waldkauz (*Syrnium aluco*), *Weidmansheil*, 1913; Der Steinkauz (*Athene noctua*). *Ibid.*, 1913; Die Sumpfohreule (*Asio accipitrinus*). *Ibid.*, 1914 ; Die Waldohreule (*Asio otus*). *Ibid.*, 1914; Die Schleicreule (*Strix flammea*). *Ibid.*, 1914; Der Turmfalk (*Cerchneis tinnunculus*). *Ibid.*, 1915; Der Baumfalk (*Falco subbuteo*). *Ibid.*, 1915; Der Mæusenbussard (*Buteo buteo*). *Ibid.*, 1916; Der Rauchfussbussard (*Archi-(buteo lagopus*). *Ibid.*, 1916; Der Wespenbussard (*Pernis apivorus*). *Ibid.*, 1916; Der Sperber (*Accipiter nisus*). Ibid., 1917; Der Huehnerhabicht (*Astur palumbariss.*). *Ibid.*, 1917.

* + MILLET. — Faune de Maine-et-Loire... *Paris et Angers*, 1828.

MILLET-ORSINI. — Observations sur une famille d'Eperviers. *Bul. de la Soc. Nat. d'Acclimatation de France*, 1907.

* MOQUIN-TANDON. — Histoire naturelle des Mollusques. 3 vol. *Paris*, 1855.

* MORBACH. — Die Untersuchung über die Rabenvœgel. *Bul. de la Ligue Luxembourgeoise pour la Protection des Oiseaux*, 1926; Ackerbau, Jagd und Vogelschutz... *Ibid.*, 1928.

* MULLER. — Jagd eines Sperbers auf Eichhærchen. *Journ. Ornith.*, 1868.

MUELLER A. et C. — Die einheimischen Vœgel und Saugetiere nach ihrem Nutzen und Schaden. *Leipzig*, 1873.

MUEHLING. — Schædlichkeit der Saatkæhe. *Zool. Garten*. 1865.

* MUSILEK. — Dravci denni na Pardubicku. *Priroda*, XVI-1923; O hospodarskeim vyznamu ptactva. *Republikan*, 1925; Na obranu havrana. *Vychod. Republikan*, 1925.

* NAGY. — Die pusta Hortobagy als ein bevorzugtes Durchzugs-u. Ueberwinterungs-Gebiet in Ungarn. *Compte-Rendu du Congrès Intern. pour la Protection des Oiseaux, Luxembourg*, 1925.

* NAUMANN. — Naturgeschichte der Vœgel Deutschlands. *Leipzig*, 1822.

* NAUMANN-HENNICKE. — Naturgeschichte der Vœgel Mitteleuropas. *Gera-Unterhaus*, 1896-1904.

* NECHLEBA. — Ochrana lesu. *Praha*, 1922.

* NEKUT. — O dulezitosti sov v polnim hospodarsvi. *Vesmir* VI-1877.

NEVEU-LEMAIRE. — Parasitologie des Plantes agricoles. *Paris*, 1913.

NIEMAYER. — Ueber die Nahrung unseder Eulen. *Zool. Garten*, 1866.

* + NORDMAN. — Catalogue raisonné des Oiseaux de la Faune Pontique. *Paris*, 1839.

* NŒRDLINGER. — Lebensweise von Inseckten. *Berlin*, 1880; Forstschutz. *Berlin*, 1881.

* NOVAK. — Sova palena hubitelkou drubeze. *Vesmir*. III-1878.

NUESSLIN. — Leitfaden der Forstinsektenkunde. *Berlin*, 1905.

* PAILLIARDI. — Kritische Uebersicht der Vœgel Bœhmens. *Prag.*, 1852.

* PARIS. — Examen du contenu stomacal de quelques Rapaces. *Rev. Franç. Ornith.*, 1914; Oiseaux. *Faune de France*, 2, 1921.

* PARROT-LEISEWITZ. — Untersuchungen zur Nahrungsmittellehre der Vœgel. *Verh. Ornith. Gess. Bayerns*, 1904.

PHISALIX Maria. — Les ennemis des Serpents. *Rev. Histoire nat. appliquée*, 1927.

* PIERRE. — Diptères : *Tipulidæ. Faune de France*. 8. 1924.

* PITTET. — Opinion d'un ami de la Nature sur la durée et l'époque des différentes Chasses. *Bul. de la Ligue Luxembourgeoise pour la Protect. des Oiseaux*, 1927.

* PLACZEK. — Vogelschutz oder Insektenschutz? *Verhandl. d. Naturforschenden Verrein in Brünn*, 1897; Volgelwelt und Vogelkunde. *Gef. Welt.* 1901; Zur Klærung der Vogelschutzfrage. *Ornith. Jahrb.*, 1901.

+ PRÉVOST. — Observation sur le régime alimentaire des Oiseaux. *Ornis*, 1899.

* PRINC. — Sovy ceské. *Praha*, 1896.

* PROCHAZKA. — Knizka o ochrané ptactva. *Praha*, 1925; Skoda a uzitek. *Praha*, 1925; Uzitek a skoda havranovitych. *Zemedelsky Archiv.*, XVII-1926.

* PUSTER. — Ein Jahrzent im Kampfe mit dem Maikæfer. *Forstw Zentr. Bl.*, 1910; Ein Maikærkrieg. *Ibid.*, 1911.

PUTON. — La Louveterie et la Destruction des Animaux nuisibles. *Nancy*, 1872.

* RATZEBURG. — Die Waldverderber und ihre Feinde. *Berlin*, 1841; 1869; Die Ichneumonen der Forstinsekten. *Berlin*, 1844-48; Forstinsekten. *Berlin*, 1837-44; Die Waldverderbnis. *Berlin*, 1866-68.

* REII : SORAUER : Handbuch der Pflanzenkrankheiten. 3° vol. red. REH. *Berlin*, 1913, 1925.

REICHE. — Die schædlichen un nuetzlichen Vœgel Deutschlands *Berlin*, 1868.

* REY. — Mageninhalt einiger Vœgel... *O. M.*, 1905, 1907, 1913; Ein Beitrag zur Beurteilung des wirtschaftlichen Werts der insektenfressenden Vœgel. *O. M.*, 1909.

* REY-REICHERT. — Mageninhalt einiger Vœgel. *O. M.*, 1908, 1910.

* RITSCHIE. — Farn. PestsBirds. *Seetisch. Journ. Agric.* 1926.

* RITZERMA-BOSE. — Tierische Schædlinge und Nützlinge... *Berlin*, 1891.

* RŒRIG. — Ansammlung von Vœgeln in Nonnenrevieren. *O. M.*, 1899; Magenuntersuchungen landw. u. forstw. wichtiger Vœgel. *Arbeiten aus der Biol. Reichsanstalt Land-u. Forstwirtschaft in Berlin-Dahlem*, 1899 ; Bekæmpfung des Schwammspiners. *Ibid.*, 1900; Die Kræhe Deutschlands. Untersuchungen d. Nahrung von Kræhen. *Ibid.*, 1900; Studien über die wirtschaftliche Bedentung der insektenfressenden Vœgel. Untersuchungen über die Nahrung unseren heimischen Vœgel mit besonderer Berücksichtigung der Tag-u. Nacht Raubvægel. *Ibid.*, 1903; Magenuntersuchungen über die Verdanung verschiedener Nahrungstoffe im Kræhenmagen. *Ibid.*, 1906; Magen-u Gewœhluntersuchungen heimischer Raubvœgel. *Ibid.*, 1909; Die wirtschafliche Bedentung der Vogelwelt... *Mitteilungen aus d. Biol. Reichsanstalt f. Land-u. Forstw. in Berlin-Dahlem*, 1910; Zur Frage über die wirtsch. Bedeutung der Bussarde. *O. M.*, 1908; Tierwelt und Landwirtschaft. *Stuttgart*, 1906; Wild, Jagd und Bodenkultur. *Neudamm*, 1912. *(Bibliographie).*

RŒSE. — Schædlichkeit der Kræhen. *Zool. Garten*, 1867.

* ROZMARA. — Skodné zmar. *Pisek*, 1908; Kniha o myslivosti. *Praha*, 1912.

* RUE (DE LA). — Les animaux nuisibles. *Paris*, ????.

* RUZICKA. — Havran uhlavni nepritel klikoroha. *Cesl. Haj.*, 1925.

RUZICKA-ANGER. — Zhusenosti ornuisce. *(Liparis monacha, L.). Praha*, 1926. *(Bibliographie!)*

* RZEIIAK. — Materialien zur einer Statistik über die Nuetzlichkeit oder Schædlichkeit gewisser Vogelarten. *O. M.*, 1896; Ingluvialiens untersuchungen. *O. M.*, 1905.

* SAGHTLEBEN. — Versuche zur Maikæferblkæmpfung. *Arbeiten aus d. Biol. Reichsanst. für Land. u. Forstw. Berlin-Dahlem*, 1926.

* SALVADORI. — Schützet die Insekten und gebt den Vogelfangfrei. *Wien*, 1884.

* Sammereyer. — Von Mæusenbussard. *O. M.,* 1910.

* Scheidemantel. — Plinius des Alteren Verhæltnis zur Vogelkunde. *O. M.,* 1884.

* Schenck. — Die Heuschreckenplage auf dem Hortobagy im
Juli 1907 und die Vogelwelt. *Aquila,* 1907; Von der Vogelwelt verhinderte Heuschrechenplage. *Aquila,* 1910.

* Schleh. — Nutzen und Schaden der Kræhen. *Berlin,* 1904.

+ * Schinz. — Europæische Fauna. Verzeichnis der Wirbeltiere
Europas. *Stuttgart,* 1840.

+ Schnell. — Die Stellung des Raben unter den nützlichen u.
schædlichen Vogeln. *Zool. Garten,* 1864.

* Schœnhut. — Die forstliche Bedeutung der Vœgel. *Giesen,*
1890. *(Bibliographie!)*

* Schreiber. — Herpetologia Europæa. *Jena,* 1912.

* Schwarz. — Der Knocheninhalt eines Waldohreulengewœlles
Arb. a. d. Biol. Reichs. Anst. f. Land. u. Forstw., 1906;
Beitræge zur Ernæhrungsbiologie unserer Kornfressenden
Singvœgel. *Ibidem,* 1906; Zur Bekæmpfung der Raupen-
plagen. *Ibidem,* 1910; Zur Vogelschutzfrage. *Obstzüchter,*
1913.

* Séguy. — Diptères anthomyides. *Faune de France,* 1923.

Soos. — Die Nützlichheit und Schædlichkeit der Saatkræhe.
Aquila, 1904.

* Sprenger. — Geier und Raabe als Leichenbestatter. *O. M.,*
1908.

* Stolz. — Speisezettel des Sperbers. *O. M.,* 1905.

* Szalatnay. — Ochrana lesu. *Poznamky z. prednasek. Praha,*
1920.

* Szomjas. — Von Vogelwelt verhinderter Raupenfrass. *Aquila,*
1908; *Strix flammea,* L., als Sperlingsfeind. *Aquila,* 1908;
Die landwirtschaftliche Bedeutung der Saathræhe. *Compte
Rendu du Congrès International pour la Protection des
Oiseaux. Luxembourg,* 1925.

* Sir. — Ptactvo uzitecné, posud vsak pronas ledované. *Jicin,*
1874; Motylové a brouci. *Praha,* 1875-76; Ptactvo skodlivé.
Praha, 1878-1881; Ochrana ptactva. *Praha,* 1880; Ptactvo
uzitecné. *Praha,* 1887; Die Schædlichen Vœgel. *Prag,* 1888;
Ptactvo ceské. 2 vol. *Praha,* 1890.

* Stefan. — Vrana cerna. *Les a Lov.*

* Talsky. — Beitræge zur Nahrungsmittellehre der Vœgel. *Mittel.
des Wien. Ornith. Verein. Schwalbe,* 1896; Kane. *Lovéna,*
XXIV, 1901.

Testart. — Traité pratique de la Chasse et du Gibier. *Paris.*

* Thais. — Kritische Bestimmung der Nützlichkeit o. Schædlichkeit der pflanzenfressenden Vœgel. *Budapest,* 1899.

* Thienemann. — Auch ein Wort zur Kræhenfrage. *O. M.,* 1902.

* TILSCH. — Schædlichheit des Sperbers. *Aquila*, 1898.

TRISTAN. — Les Oiseaux et Animaux nuisibles et leur destruction rationelle. *Rev. Franç., Ornith*, 1916.

* TROUESSARD. — Catalogus Mammalium tam viventum quam fossilium.*Berolini*, 1898-99; Catalogus... Quinquenale Suplementum. *Berolini*, 1904-05; Faune des Mammifères d'Europe. *Berlin*, 1910; Catalogue des Oiseaux d'Europe. *Paris*, 1912.

TCHUSSI. — Die Vœgel und das Ungeziefer. *Saint-Gallen*, 1862; Schützet und heget die Vægel. *Wienne*, 1872.

* UTTENDŒRFER. — Raubvœgelspeisezettel. *O. M.*, 1901; Die Speisezettel einer Sperberbrut. *Beitr. f. Fortpflanz. biol. d. Vœgel*, 1927.

* UZEL. — Zpravy o chorobach a skudcich repy cukrové. *Listy cukrovarniché*, 1913-17; O boji proti hrabosum. *Kodym*, 1914.

* VEVERAN. — Steinkautz und Elster als Vogelfeinde. *Aquila*, 1909.

* VOGT. — Leçons sur les Animaux utiles. *Paris*, 1875.

* VOGDT. — Die Nützlichkeit des Sperbers. *Gefiederte Welt*, 1911.

WAGNER. — Sauterelles et Oiseaux de proie. *Rev. Franç. d'Ornith.*, 1913.

* WALTER. — Bedeutung der Eulen in Forst u. Landevirtschaft. *Ornith. Jahrb.*, 1887.

+ * WACHS. — Vogelschutz und Maikœfervertilgung. *Meckl. Landw. Wochenschrift*, 1923.

* WANGELIN. — Jagdschutz, Fischschutz und Vogelschutz. *O. M.*, 1908.

WEINLAND. — Einige Tatsachen zum Vogelschutz. *O. M.*, 1909.

* WIETINGHOFF-RIESCH. — Das Verhalten der palœarktischen Vœgel gegenüber der wichtigen forstschædlichen Insekten. *Feitschr. f. Angew. Entomologie*, 1924-25.

* ZDOBNICKY. — Das Winterleben unserer Corviden... *Zeitschr. d. Mœhr. Landes Museums Brünn*, 1907.

* ZWEIGLT. — Dias Verhalten der Maikœfer... *Wien*, 1913; Der Maikœfer in Bukovina... *Naturw. Zeitschr. f. L. u. Forstw.*, 1914; Der gegenwartige Stand der Maikœferforschung. *Zeitschr. f. Angew. Entomologie*, 1918.

* ZDAREK. — Aus dem Leben der Veeren. *Centr. Bltt. f. d. ges. Forstwesen*, 1881.

EXPLICATION DES PLANCHES

Fig. 1

Contenu du tube digestif de la *Buse vulgaire* (*Buteo vulgaris*, Leach.), tuée le 4, VIII, 1925 à Kostrina (Slovaquie) : fragments de : 3 *Carabus violaceus*, L. ; 13 *Carabus glabratus* Payk et autres Carabides ; 6 *Prionus coriarius*, L. et autres Cerambycides ; 7 *Geotrupes sylvaticus*, Panz., 4 *Serica brunnea*, L. et autres Lamellicornes. Photo de Mlle Valkova.

Fig. 2

Contenu du tube digestif de la *Buse vulgaire* (*Buteo vulgaris*, Leach.), tuée le 15, V, 1927 à Kostrina (Slovaquie) : restes de Taupes-Grillons (*Gryllotalpa Gryllotalpa* [L.]) et de Hannetons communs (*Melelontha vulgaris*, L.). Photo de Mlle Kosickova.

Fig. 3

Contenu du tube digestif de la *Bondrée apivore* (*Pernis apivorus* [Linné]', tuée le 30, V, 1922 à Rasochy (Bohême) : restes de nombreuses chenilles nues et poilues (*Geometridae*, *Tortricidae*, *Noctuae* et *Liparidae*) et fins fragments de Lepidoptères et de Coléoptères adultes. Photo de M. Rozsypal.

Fig. 4

Contenu du tube digestif du *Faucon crésserelle* (*Tinnunculus tinnunculus*, Linné), tué le 30, IV, 1926 à Rajhrad (Moravie) : restes de 59 Hannetons communs (*Melolontha vulgaris*, L.). Photo de M. Drabek.

Fig. 5

Contenu du tube digestif du *Corbeau mantel'* (*Corvus cornix*, Linné), tué le 17, V, 1925 à Vysoké Chvojno (Bohême) : restes de : *Carabus cancelatus*, Illig, *Pœcilus*, *Harpalus* spec. dif. ; *Seminolus* spec. dif. ; *Lomonius pilosus*, Leske, *Agriotes ustulatus*, Schaller, et autres Elatéridés ; *Liophloeus tesselatus*, Müll, et autres Curculionidés ; *Galeruca tanaceti*, L., et autres Chrysomélides ; débris de larves de Carabides, de Chrysomélides, de Coccinellides et Diptères. Photo de Mlle Valkova.

Fig. 6

Contenu du tube digestif du *Corbeau choucas* (*Colaeus monedula*, Linné), tué le 20, VI, 1926 à Opatovice (Moravie) : 110 pièces de *Aphodius prodromus*, Brahm. Photo de Mlle Kosickova.

EXPLICATION DES PLANCHES

Fig. 1

Contenu du tube digestif de la *Buse vulgaire* (*Buteo vulgaris*, Leach.), tuée le 4, VIII, 1925 à Kostrina (Slovaquie) : fragments de : 3 *Carabus violaceus*, L. ; 13 *Carabus glabratus* Payk et autres Carabides; 6 *Prionus coriarius*, L. et autres Cerambycides; 7 *Geotrupes sylvaticus*, Panz., 4 *Serica brunnea*, L. et autres Lamellicornes. Photo de Mlle VALKOVA.

Fig. 2

Contenu du tube digestif de la *Buse vulgaire* (*Buteo vulgaris*, Leach.), tuée le 15, V, 1927 à Kostrina (Slovaquie) : restes de Taupes-Grillons (*Gryllotalpa Gryllotalpa* [L.]) et de Hannetons communs (*Melelontha vulgaris*, L.). Photo de Mlle KOSICKOVA.

Fig. 3

Contenu du tube digestif de la *Bondrée apivore* (*Pernis apivorus* [Linné]), tuée le 30, V, 1922 à Rasochy (Bohême) : restes de nombreuses chenilles nues et poilues (*Geometridae, Tortricidae, Noctuae* et *Liparidae*) et fins fragments de Lepidoptères et de Coléoptères adultes. Photo de M. ROZSYPAL.

Fig. 4

Contenu du tube digestif du *Faucon crésserelle* (*Tinnunculus tinnunculus*, Linné), tué le 30, IV, 1926 à Rajhrad (Moravie) : restes de 59 Hannetons communs (*Melolontha vulgaris*, L.). Photo de M. DRABEK.

Fig. 5

Contenu du tube digestif du *Corbeau mantelé* (*Corvus cornix*, Linné), tué le 17, V, 1925 à Vysoké Chvojno (Bohême) : restes de : *Carabus cancelatus*, Illig, *Pœcilus, Harpalus* spec. dif. ; *Seminolus* spec. dif. ; *Lomonius pilosus*, Leske, *Agriotes ustulatus*, Schaller, et autres Elatéridés ; *Liophloeus tesselatus*, Müll, et autres Curculionidés ; *Galeruca tanaceti*, L., et autres Chrysomélides ; débris de larves de Carabides, de Chrysomélides, de Coccinellides et Diptères. Photo de Mlle VALKOVA.

Fig. 6

Contenu du tube digestif du *Corbeau choucas* (*Colaeus monedula*, Linné), tué le 20, VI, 1926 à Opatovice (Moravie) : 110 pièces de *Aphodius prodromus*, Brahm. Photo de Mlle KOSICKOVA.

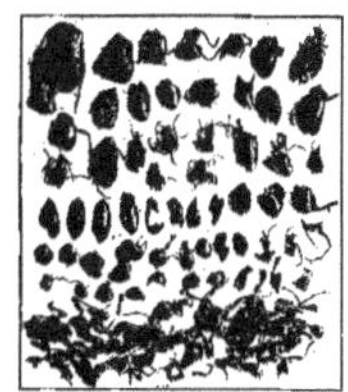

Fig. 1

Fig. 2

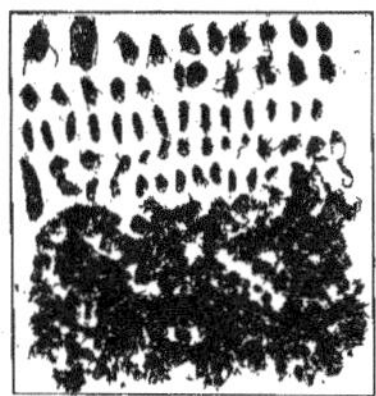

Fig. 3

Fig. 4

Fig. 5

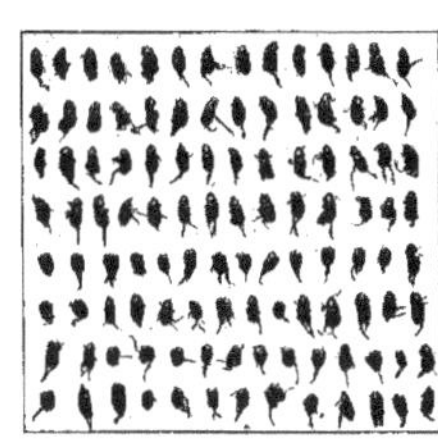

Fig. 6

TABLE DES MATIÈRES

DEUXIÈME THÈSE

PROPOSITIONS DONNÉES PAR LA FACULTÉ

1º Botanique : Les *Uredineæ* des arbres forestiers ;

2º Géologie : La géologie et la métallogénie dans la région de Pribram.

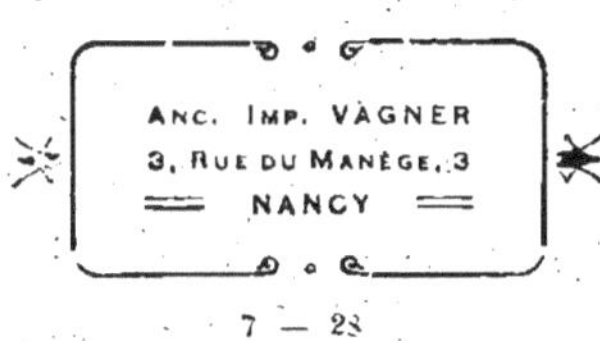